異常検知と変化検知

Anomaly Detection
and
Change Detection

井手 剛
杉山 将

講談社

■ 編者

杉山　将　博士（工学）

理化学研究所 革新知能統合研究センター センター長

東京大学大学院新領域創成科学研究科 教授

■ シリーズの刊行にあたって

インターネットや多種多様なセンサーから，大量のデータを容易に入手できる「ビッグデータ」の時代がやって来ました．現在，ビッグデータから新たな価値を創造するための取り組みが世界的に行われており，日本でも産学官が連携した研究開発体制が構築されつつあります．

ビッグデータの解析には，データの背後に潜む規則や知識を見つけ出す「機械学習」とよばれる知的データ処理技術が重要な働きをします．機械学習の技術は，近年のコンピュータの飛躍的な性能向上と相まって，目覚ましい速さで発展しています．そして，最先端の機械学習技術は，音声，画像，自然言語，ロボットなどの工学分野で大きな成功を収めるとともに，生物学，脳科学，医学，天文学などの基礎科学分野でも不可欠になりつつあります．

しかし，機械学習の最先端のアルゴリズムは，統計学，確率論，最適化理論，アルゴリズム論などの高度な数学を駆使して設計されているため，初学者が習得するのは極めて困難です．また，機械学習技術の応用分野は非常に多様なため，これらを俯瞰的な視点から学ぶことも難しいのが現状です．

本シリーズでは，これからデータサイエンス分野で研究を行おうとしている大学生・大学院生，および，機械学習技術を基礎科学や産業に応用しようとしている大学院生・研究者・技術者を主な対象として，ビッグデータ時代を牽引している若手・中堅の現役研究者が，発展著しい機械学習技術の数学的な基礎理論，実用的なアルゴリズム，さらには，それらの活用法を，入門的な内容から最先端の研究成果までわかりやすく解説します．

本シリーズが，読者の皆さんのデータサイエンスに対するより一層の興味を掻き立てるとともに，ビッグデータ時代を渡り歩いていくための技術獲得の一助となることを願います．

2014 年 11 月

「機械学習プロフェッショナルシリーズ」編者
杉山 将

まえがき

異常検知と変化検知は，統計学においてほとんど1世紀近い歴史を持つ伝統ある分野です．しかしここ数年，機械学習の技術がデータ解析の現場に浸透するにつれ，その様相が一変しつつあるように感じています．それはまるで，仮説検定の理論に象徴されるような厳粛な学問の世界から，実データの荒波にもまれることを喜びとするような自由で活気ある世界に理論が解放されたかのようです．

本書の目的は，統計学における伝統的な仮説検定の枠にとらわれず，最新の機械学習の技術に基づいて，異常検知・変化検知の実用的な技術を体系的に解説することです．データ解析の現場においては，異常検知と変化検知は実用上極めて重要な位置を占めていますが，実務家の問題意識に役立つような資料は著者らの知る限り非常に乏しく，各問題に対してばらばらの技術が個別的に適用され，あるときはうまくいき，あるときはそうではない，というような知見が蓄積されている現状だと思います．そのような問題意識から，著者の1人は最近，現代的観点に基づく異常検知の入門書を出版しました*1．本書はその続編として位置づけられます．

本書では，前著に比べて，より発展的な内容を体系的に解説しています．実数値が観測される状況においては，前著とあわせて読むことで，現在知られている異常検知・変化検知の手法の大半がカバーされることを期待しています．本書の構成を図0.1に描きました．本書の読み方としては，第1章で本書の前提事項をまとめていますので，まずこれを通読していただければと思います．加えて，次の第2章と第3章にざっと目を通すと，第1章で抽象的に述べた考え方がどう具体化されるのかイメージがつかめるかと思います．その上で，必要に応じてほかの章に目を通せばよいと思います．各章は10ページほどと短く，なるべく独立に読めるように書きました．各章の冒頭には，これから何を説明するかについての簡潔なまとめが書かれていますので，どの章が自分の目的意識に合うかを把握するためにご活用くださればと

*1　井手剛，入門 機械学習による異常検知 —— Rによる実践ガイド，コロナ社，2015年．

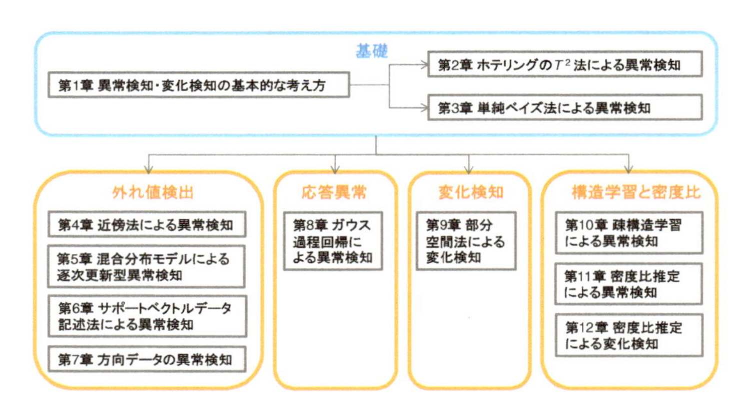

図 0.1　本書の構成.

思います.

執筆にあたっては，理論のための理論を他人事のように語るのではなく，異常検知と変化検知に実世界で従事する当事者の観点から，心を込めて説明するように努力しました．その結果として本書が，最大事後確率推定，計量学習，逐次更新型学習，非線形回帰，グラフィカルモデル，密度比の直接推定，などなど，機械学習の現代的諸概念についての，実世界でデータ解析に立ち向かう人々の観点から見た有用なテキストになっていることを期待しています．また，たとえば二値分類問題と異常検知問題の違いなど，基礎に属するにもかかわらず研究者にも実務家にもあまり知られていない内容を体系的に伝える有用なテキストとなることを期待しています.

本書は第 1 章から第 10 章までは井手が，第 11 章と第 12 章を杉山が担当し，全体の調整は井手が行いました．本書の執筆に際し，京都大学 加納学 先生と，大阪大学 河原吉伸 先生からは内容に関する本質的なコメントを多く頂きました．IBM 東京基礎研究所の吉田一星氏からも記述の改善に関するコメントを頂きました．この場を借りて御礼申し上げます.

2015 年 4 月

井手 剛・杉山 将

目　次

Chapter 1

異常検知・変化検知の基本的な考え方

この章では，異常検知と変化検知の問題設定をまとめます．特に，確率分布を使って，異常の度合い・変化の度合いがどのように一般的に表せるのかを説明します．

1.1 知識の要約としての確率分布

あらゆるビジネスの現場で，変化あるいは異常の兆候を捉えることは大変重要な課題です．売り上げの変化を捉えることでいち早く次の一手を打てるかもしれませんし，稼働中の化学プラントの異常の兆候を見つけることで，重大な事故を事前に避けられるかもしれません．現場の職人芸に頼らず，客観的にこういうことを行いたいというのは大昔からある問題意識です．伝統的にはこの問題は，過去の事例を「ルール」という形で蓄えることで対処されてきました．たとえばこういう感じです．

IF (気温 $\geq$ 28°C) AND (湿度 $\geq$ 75%) THEN 不快.

取得できるデータ数があまり多くなくて，データの性質について十分な知識がある場合は，このように手作業的にルールを作っても十分だと思いますが，実用上のほとんどの場合，人間の経験を直接ルール化するというようなやり方はうまくいきません．なぜなら，人間が明示的に認識できるルールの数は，実世界の多様性に比べて桁違いに乏しいからです．この点，すなわち「誰がルールを作ってくれるのか」という問題は，人工知能研究の長い歴史の中で，**知識獲得のボトルネック**（knowledge acquisition bottleneck）と特に呼ばれています．

かつての人工知能研究はこの問題に対して有効な方策を提示できず，そのため長い冬の時代を過ごすことになりました．しかし最近，統計的機械学習の技術を使うことで，実用的な要請に十分耐える異常検知・変化検知の仕組みを構築できるようになってきました．従来の人工知能の（あるいは現代のソフトウェア工学の）考え方との根本的な違いは，人間の言語に近い形で知識を記述することをあきらめて，確率の言葉で知識を表現するということです．もう少し具体的にいえば，観測量を $\boldsymbol{x}$ と表したとき*1，$\boldsymbol{x}$ のとり得る値についての確率分布 $p(\boldsymbol{x})$ を使って数式で異常や変化の条件を記述するというやり方です．

数式が苦手な人，確率・統計が苦手な人は「変化とか異常とかわかりきったことを見るために，なぜ p とか $\boldsymbol{x}$ とかの面倒で難しい数式が必要なのか」と怪訝に思うかもしれません．しかしそれは，何十年にもわたる努力の結果，そうするのが実用的には最善であると人類が到達した現時点での結論なのです．

1.2 異常検知と変化検知のいろいろな問題

確率分布の話に入る前に，本書で取り扱う問題について雰囲気をつかんでおきましょう．例として，**図 1.1** に 1 変数の時系列データにおけるいくつかの典型的な異常パターンを挙げます*2．赤で異常箇所を示しています．上の段の 2 つは「仲間から値が外れている」というタイプの異常で，この手の異常標本を見つける問題を**外れ値検出**（outlier detection）と呼びます．右上は横軸の順序をシャッフルすると検知できなくなりますから，時系列的な外れ値ということができるでしょう．

---

*1 本書では $\boldsymbol{x}$ のような太字のイタリックで列ベクトルを表します．行列は A のようなサンセリフ体を使い区別します．

*2 心電図データは，Keogh ら [15] により研究されたもので，2015 年 1 月の時点で `http://www.cs.ucr.edu/~eamonn/discords/` からダウンロードできます．

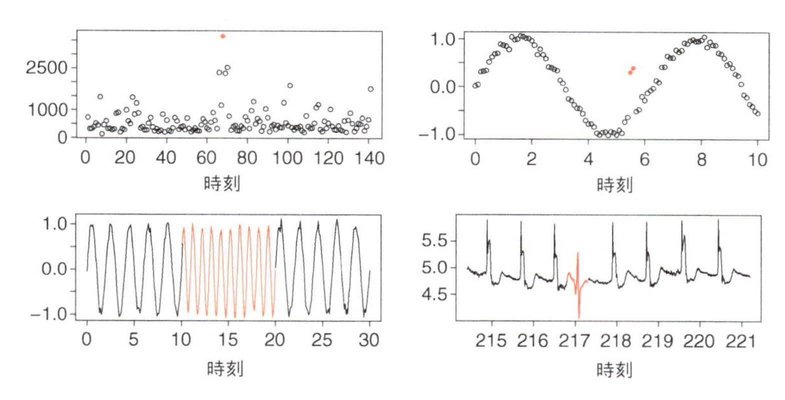

図 1.1　時系列データのさまざまな異常の例．上段: 外れ値（左），時系列的外れ値（右）．下段: 変化点（左: 周波数変化データ），変化点または異常部位（右: 心電図データ）．

一方，下の段は，値がずれているというよりは，観測値のふるまいが変化したタイプの異常です．周波数変化データでは，横軸が 10 と 20 のところで周波数の変化が生じています．これらの変化を見つける問題を**変化検知**（change detection）または**変化点検知**（change-point detection）と呼びます．心電図データの異常は，外れ値と変化点が同時に起きているとも見ることができます．見方を変えれば，異常を呈している部位を見つける問題ともとれますので，これを**異常部位検出**（discord discovery）と呼ぶこともあります．

図 1.1 のような物理的な数値データ以外にも，異常検知，変化検知の問題は定義できます．たとえば，有名なものとしては，スパムメール（広告メール）の判定問題があります（第 3 章参照）．この場合，どの語がいくつ出てきたかという長い数値ベクトルを定義します．**図 1.1** のようなグラフには描きにくくなりますが，確率分布を考えることにより理論上は同じ枠組みで取り扱うことができます．

統計的機械学習に基づく異常検知・変化検知の問題は，データの性質に応じて確率分布をどう学習するか（「データから求める」ことを機械学習の用語では「**学習する**（**learn**）」といいます），そして異常ないし変化の度合いをどのように確率分布と結びつけて定義するかが定式化の重要なポイントとなります．次章以降で説明するように，確率分布の学習法に応じてさまざまな異常検知手法が考えられます.

1.3 異常や変化の度合いを確率分布で表す

さて, 何らかの観測量に対する確率分布が求まったとして, 異常ないし変化の度合いを定量的に表すためにはどうすべきでしょうか. 2つの場合に分けて一般的な枠組みを与えます.

1.3.1 ラベルつきデータの場合

まず考えるのは, 異常判定モデルを構築するためのデータとして, M 次元ベクトル $\boldsymbol{x}$ に加えて, 異常か正常か (または変化点かそうでないか) を示すラベル y が同時に観測されている場合です. この場合, N 個の標本を含む訓練データとして

$$\mathcal{D} = \{(\boldsymbol{x}^{(1)}, y^{(1)}), (\boldsymbol{x}^{(2)}, y^{(2)}), \ldots, (\boldsymbol{x}^{(N)}, y^{(N)})\} \tag{1.1}$$

のようなものが観測されると想定されます. $y^{(n)}$ は n 番目の標本のラベルで, 慣例に従い異常な場合は 1, 正常な場合は 0 という値をとると考えます. たとえば身長と体重の値を 1 クラスの 50 人にわたって計測した健康診断データがあったとすれば, $M=2, N=50$ となります. $\boldsymbol{x}^{(n)}$ はたとえば出席番号 n 番の人の身長と体重を組にしたもの, $y^{(n)}$ はその人が病気かどうかを表すフラグです.

この場合, 異常か正常かにより異なる確率分布, すなわち, ラベル y を与えたときの**条件つき分布** (conditional distribution) $p(\boldsymbol{x} \mid y)$ を考えるのが自然です. 今, 次章以降で説明する何らかの方法でこの条件つき分布 $p(\boldsymbol{x} \mid y, \mathcal{D})$ を求めたとします*3. $p(\boldsymbol{x} \mid y=0, \mathcal{D})$ よりも $p(\boldsymbol{x} \mid y=1, \mathcal{D})$ が優勢であれば異常 (もしくは変化あり) と判定することになるので, 次のように**異常度** (anomaly score) を定義することができます (**図 1.2**).

$$a(\boldsymbol{x}') = \ln \frac{p(\boldsymbol{x}' \mid y=1, \mathcal{D})}{p(\boldsymbol{x}' \mid y=0, \mathcal{D})} \tag{1.2}$$

ln は自然対数です. 上記の異常度に定数を加えても, あるいは単調増加関数

*3 $p(\cdot \mid \cdot)$ は条件つき分布を表す記法です. y は条件を決める確率変数ですが, $\mathcal{D}$ のほうは「この分布はデータ $\mathcal{D}$ に依存して決められる」という気持ちを表すために入れています.

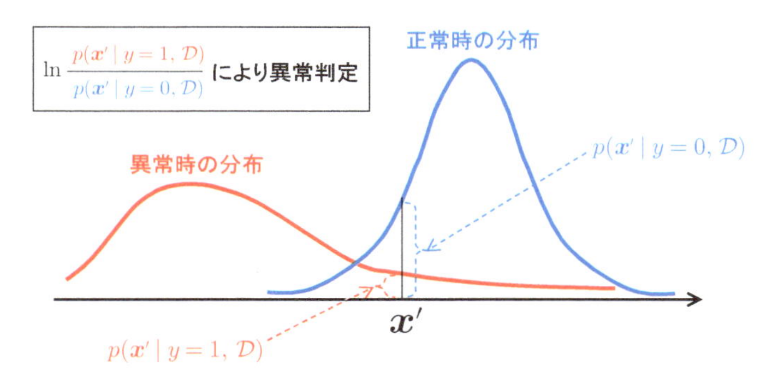

図 1.2　ラベルつきデータについての異常判定の説明．観測値 $\boldsymbol{x}'$ に対する確率密度を双方のクラスについて求め，それを比較する．比較するのが y についての分布ではないことに注意．

で変換しても異常度としての役目は果たすので，自然対数を使うかどうかには任意性があります．たとえば，第 2 章で論ずるホテリングの T^2 法から派生した**マハラノビス・タグチ法** (Mahalanobis-Taguchi method) という手法では，上記の異常度をある意味で常用対数により変換した量が異常の指標として使われます [9].

上記の定義で本質的なのは，確率分布の比，すなわち，**密度比** (density ratio) もしくは**尤度比** (likelihood ratio) で異常度を定義するという点です．上記の異常度による判別規則を本書では**ネイマン・ピアソン決定則** (Neyman-Pearson decision rule) と呼びます．改めて書くと次の通りです．

定義 1.1（ネイマン・ピアソン決定則）

$$\ln \frac{p(\boldsymbol{x}' \mid y=1,\mathcal{D})}{p(\boldsymbol{x}' \mid y=0,\mathcal{D})}$$ が所定の閾値（しきいち）を越えたら $y=1$ と判定．

上記において「所定の閾値」の正確な意味は次節で説明します．実はこのネイマン・ピアソン決定則は，次節で定義する性能指標に照らして，最善の判定則であることを証明できます．やや抽象度が高い議論になるので証明は 1.5 節に回しますが，ここでは，式 (1.2) で与えた**対数尤度比** (log likelihood ratio) が，ラベルつきデータの異常度として最善のものであるということをまずは認めていただいて先に進みたいと思います．

1.3.2 ラベルなしデータの場合

次に考えるのは，異常判定モデルを構築するためのデータとして，M 次元ベクトル N 個

$$\mathcal{D} = \{\boldsymbol{x}^{(1)}, \boldsymbol{x}^{(2)}, \ldots, \boldsymbol{x}^{(N)}\} \tag{1.3}$$

のみが与えられる状況です．この状況で異常判定モデルを作るためには，$\mathcal{D}$ **の中には異常標本が含まれていないか，含まれていたとしても圧倒的少数であると**信じられることが必要です．

このデータを使い，次章以降で説明する何らかの方法で $\boldsymbol{x}$ についての確率分布 $p(\boldsymbol{x} \mid \mathcal{D})$ を求めたとします．これは**正常状態のモデル**ということができます．このとき，新たにやってきた計測値 $\boldsymbol{x}'$ について異常度をどう定義すべきか考えてみましょう．$p(\boldsymbol{x} \mid \mathcal{D})$ が正常状態のモデルである以上

- 正常時に出現確率が大きい観測値は異常度が低い
- 正常時に出現確率が小さい観測値は異常度が高い

という性質が成り立つはずです（**図 1.3**）．さらに，情報理論の観点からは，次の性質が期待されます．

- 異常度が高いなら，得られる**情報量**（information）は高い
- 異常度が低いなら，得られる情報量は低い

情報理論における情報量とは，観測によるあいまいさの減少量のことを意味します．ありふれた観測値より「珍しい」観測値を得たほうが得られる情報が大きい，ということです．

情報理論においては情報量は確率分布の負の対数と結びつけて定義されます．この負の対数という関数は単調減少関数ですから，「出現確率が大きい観測値は異常度が低い」などの最初の条件を満たします．このことから，計測値 $\boldsymbol{x}'$ に対する異常度 $a(\boldsymbol{x}')$ を，次のように定義できることがわかります．

$$a(\boldsymbol{x}') = -\ln p(\boldsymbol{x}' \mid \mathcal{D}) \tag{1.4}$$

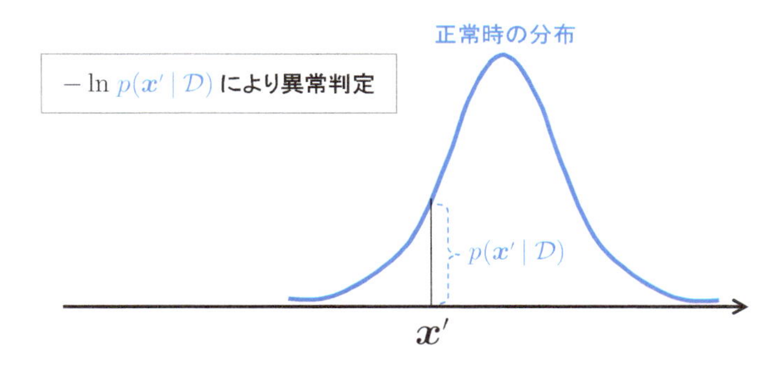

図 1.3　ラベルなしデータについての異常度の定義．もし x' が正常時に出現確率の非常に低いところに来たら異常を疑う．

右辺は，対数関数の底の選択に関係する付加定数は別にして，情報理論における**シャノン情報量**（Shannon information）そのものです．異常検知においては，歴史的理由から，通常，$\log_2$ ではなくて自然対数 ln を使います．$a(\boldsymbol{x}')$ を定数倍しても付加定数を加えても本質的な意味は変わらないことに注意します．なお，統計学的な用語を使えば，異常度は正常モデルに基づく**負の対数尤度**（negative log-likelihood）として定義される，ということもできます．

上の異常度の定義 (1.4) を，ラベルつきデータに対する異常度の定義 (1.2) と比べると，$p(\boldsymbol{x}' \mid y = 1, \mathcal{D})$，すなわち異常状態についての確率分布を無視したものに対応していることがわかります．異常データが与えられていない以上，これを明示的にモデル化することは不可能ですから当然です．また，実用上，正常時は比較的「落ち着いた」値であるのに，異常時には「突拍子もない」値が出ることは多くあります[*4]．この観点からも，ラベルが与えられてない状況では正常側のみをモデル化の対象とするという方針は妥当なものといえます．

*4　余談ですが，トルストイの『アンナ・カレーニナ』という小説に「幸せな家族は皆どこか似ているが，不幸せな家族はそれぞれ違う（Happy families are all alike; every unhappy family is unhappy in its own way）」という一節があり示唆的です．

1.4 検知器の性能を評価する

異常ないし変化検知の性能を評価する際，まず重要な点は，手元にあるデータを**訓練データ**（training data）と**検証データ**（validation data）（**テストデータ**（test data）とも呼びます）に分けて性能評価するという点です．訓練データで異常ないし変化を検知するためのモデルを作成し，その性能を検証用データで評価する，というのが基本手順です．明示的に訓練用と検証用の区別がない場合は，手元のデータをたとえば5分の1に無作為に分割して，5分の4を訓練用とし，残りで検証する，というような手順を踏みます．これを5回繰り返して評価指標の平均を計算することで性能指標とできます．これを**交差確認法**（cross validation）と呼びます．外れ値検出の場合は，N 個の標本があるときに，$N-1$ 個でモデルを作り，残りの1つで当たりか外れかを見るという方法もよく使われます．それを N 回繰り返して性能を評価するわけです．これは特に，**1つ抜き交差確認法**（leave-one-out cross validation）と呼ばれます．

異常検知の性能を語る際に忘れてはならないもう1つの点は，実問題のほとんどすべての場合において，

$$(\text{正常標本の数}) \gg (\text{異常標本の数})$$

が成り立つということです．たとえば，異常事象が起こる確率が0.1パーセント程度であったとします．この場合，異常判定の閾値を無限に大きくして，決して異常と判定しない楽観的な検出器を作ったとします．明らかにこれは，異常なデータを全部見逃してしまうという点で役に立たない検出器ですが，99.9パーセントが正常標本である以上，平均的には1,000回中999回は正しい答えを返すという意味で，正確性が高いということもできます．

逆に，閾値を無限に小さくすれば，常に異常と答えるような悲観的な検出器になります．これは圧倒的多数の正常標本に対して間違った答えを出すので，その意味では，やはり役に立たない検知器です．しかし，ごくわずかな異常標本を絶対見逃さないという点では信頼性が高いということもできます．

すなわち，異常検知の性能評価のためには，相反する2つの見方があり，

正常標本を使うのか異常標本を使うのかをはっきりさせて性能を論ずることが必要です．

1.4.1　正常標本精度

正常標本に対する最も自然な指標は次の**正常標本精度**（normal sample accuracy）です．

$$(\text{正常標本精度}) \equiv \frac{(\text{実際に正常である標本の中で，正しく正常と判定できた数})}{(\text{実際に正常である標本の総数})}$$

たとえば $N = 100$ で，正常標本が 90 個あったとしたら，分母は 90 で，分子にはその 90 個の中で判定に成功した数が入ります．正常標本精度は単に**正答率**（detection rate）とも呼ばれます．

正常標本精度または正答率は，判定器のよさに着目した量ですが，悪さに着目して**誤報率**（false alarm rate）という量を使うこともあります．定義は以下の通りです．

$$(\text{誤報率}) \equiv 1 - (\text{正答率}) \tag{1.5}$$

これは，本来正常であるものを異常だといってしまった割合です．一瞬混乱しがちな用語ですが，**偽陽性率**（false positive rate）と呼ばれることもあります．

1.4.2　異常標本精度

次に述べる**異常標本精度**（anomalous sample accuracy）は，異常標本に焦点を当てた評価指標です．

$$(\text{異常標本精度}) \equiv \frac{(\text{実際に異常である標本の中で，正しく異常と判定できた数})}{(\text{実際に異常である標本の総数})}$$

これは異常標本をどれだけ網羅できたかの割合なので，**異常網羅率**（coverage）または**再現率**（recall，**リコール**）と呼ばれることもあります．また，異常をいい当てたことを「ヒットした」と表現して，**ヒット率**（hit ratio）と呼ばれることもあります．**真陽性率**（true positive ratio）などと呼ばれることもあります．

1.4.3 分岐点精度と F 値

正常標本精度（正答率）と異常標本精度（異常網羅率，ヒット率）は，異常度の閾値をどう設定するかにより大幅に変わります．異常検知器の精度を把握するためには，**図 1.4** のように，正常標本精度と異常標本精度を閾値の関数として描いてみるのが最も直接的で信頼できる手段です．先に述べた通り，異常判定の閾値の極限について次の事実が成り立ちます．

- 異常判定の閾値が無限に小さいとき．すべての標本を異常だといい張る．正常標本を 1 つも正解できないので正常標本精度は 0 だが，異常標本精度は必ず 1．
- 異常判定の閾値が無限に大きいとき．すべての標本を正常だといい張る．異常標本は 1 つも正解できないので異常標本精度は 0 だが，正常標本精度は必ず 1．

このことから，**図 1.4** に示すように，閾値の大きさを横軸にして正常標本精度を描くと，閾値の小さい側で 0，大きい側で 1 の値をとる，単調に増加する曲線となることが予想できます．同様に，異常標本精度は，閾値に対して単調に減少することが期待されます．

異常検出器の性能を表現するためには，**図 1.4** の図を提示するのが最善の方法ですが，たとえば異なる手法の性能比較をする際などに，単一の数値で異常検知器の性能を表したい場合もあると思います．そのような用途に使える指標として，**分岐点精度**（break-even accuracy）と呼ばれるものがあります．これは，**性能分岐点**（break-even point），すなわち，正常標本精度が異常標本精度に一致する点での精度のことです．

実用上は，正常標本精度が異常標本精度に一致する点を厳密に求めるよりは，正常標本精度 r_0 と異常標本精度 r_1 の**調和平均**（harmonic mean）

$$f \equiv \frac{2r_0r_1}{r_0+r_1} \tag{1.6}$$

を閾値ないし何かのパラメターの異なる値ごとに計算し，その最大値を与える点を性能分岐点とするのが便利です．量 f を **F 値**（F-score）と呼びます．F 値の最大値はおおむね分岐点精度と一致しますが，条件によっては一致しないこともあります．異常標本と正常標本のどちらを重視するかは問題に

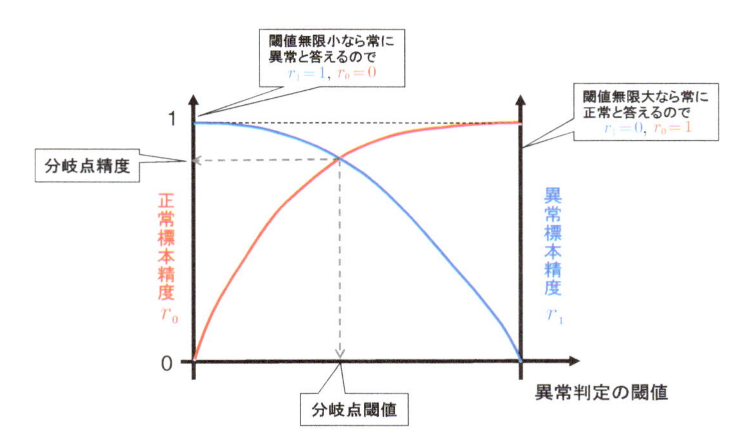

図 1.4　正常標本精度と異常標本精度の閾値による変化と，分岐点精度の定義.

よって異なるので，F 値が上位のものをいくつか選び，実際上の要請に沿って最適な閾値を選択すればよいでしょう．

1.4.4　ROC 曲線の下部面積

正常標本と異常標本に分けて精度を閾値の関数として表示する方法は，現場技術者に，閾値の調整についての知見を直感的に与えるという意味でも有用性が高いものですが，異常検知ないし二値分類の文献では，**ROC 曲線**（receiver operating characteristic curve）（**受信者操作特性曲線**とも呼びます）に基づく指標がむしろ主流です．受信者操作特性という用語はレーダー工学に由来し，特に統計学的な意味はありません．これにはいくつかの定義が可能ですが，通常，異常標本精度（または異常網羅率）を，誤報率の関数として表した曲線として定義されます．すなわち，ある閾値 τ に対して，X 座標と Y 座標が

$$(X, Y) = (1 - r_0(\tau), r_1(\tau)) \tag{1.7}$$

のようになる点の集まりです（**図 1.5**）．ROC 曲線と横軸がはさむ領域の面積を，**AUC**（area under curve, **曲線下部面積**）と呼び，異常検知器のよさの指標となります．

ROC 曲線については次の興味深い性質が成り立ちます．

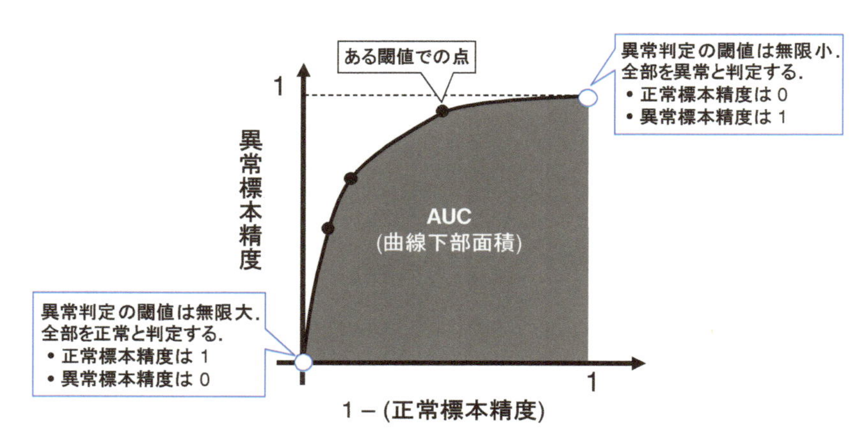

図 1.5 ROC 曲線の説明．まず原点と $(1,1)$ に点を打ち，あとは事前に用意した閾値の候補のそれぞれに対し精度を計算し，対応する点を打つ．ROC 曲線は区分的に直線となるので，曲線下部面積は台形の面積の和として計算できる．

定理 1.1（ROC 曲線と異常判定閾値の関係）

異常度を式 (1.2) で定義したとき，ROC 曲線の傾きの対数は，その点における異常判定の閾値に等しい．

これを証明してみましょう．まず，正常標本精度 $r_0(\tau)$ と異常標本精度 $r_1(\tau)$ について

$$1 - r_0(\tau) = \int \mathrm{d}\boldsymbol{x}\ I[a(\boldsymbol{x}) \geq \tau]\ p(\boldsymbol{x}|y=0,\mathcal{D})$$

$$r_1(\tau) = \int \mathrm{d}\boldsymbol{x}\ I[a(\boldsymbol{x}) \geq \tau]\ p(\boldsymbol{x}|y=1,\mathcal{D})$$

が成り立つことに注意します．ただし，$I[a(\boldsymbol{x}) \geq \tau]$ は**指示関数**（indicator function）と呼ばれる関数で，$[\cdot]$ の中身が真のときに 1，そうでない場合は 0 となる関数として定義されます．したがって，異常判定の閾値を τ とした場合，$I[\cdot]$ は，異常度が τ 以上になる $\boldsymbol{x}$ で 1 を与えます．つまり，異常と判定される $\boldsymbol{x}$ において 1，それ以外で 0 ということです．この指示関数の導関

数は，定義から

$$\frac{\mathrm{d}}{\mathrm{d}\tau} I[a(\boldsymbol{x}) \geq \tau] = \lim_{\Delta\tau \to 0} \frac{I[a(\boldsymbol{x}) \geq \tau + \Delta\tau] - I[a(\boldsymbol{x}) \geq \tau]}{\Delta\tau}$$
$$= -\lim_{\Delta\tau \to 0} \frac{I[\tau \leq a(\boldsymbol{x}) \leq \tau + \Delta\tau]}{\Delta\tau}$$

のように表せます．第2行目は，指示関数の定義を使って簡潔に表現したものです．$\Delta\tau \to 0$ のとき，分子の関数は $a(\boldsymbol{x}) = \tau$ を満たす $\boldsymbol{x}$ の近傍でのみ1，その他では0となります．この近傍では被積分関数の変動は無視できるので積分の外に出すことができます．結局積分は実行できてしまい，ROC曲線の傾きの対数は

$$\ln \frac{\mathrm{d}Y}{\mathrm{d}X} = \ln \frac{\frac{\mathrm{d}r_1(\tau)}{\mathrm{d}\tau}}{\frac{\mathrm{d}(1-r_0(\tau))}{\mathrm{d}\tau}} = \ln \frac{p(\boldsymbol{x}' \mid y=1, \mathcal{D})}{p(\boldsymbol{x}' \mid y=0, \mathcal{D})} = \tau$$

となります．ただし $\boldsymbol{x}'$ は $a(\boldsymbol{x}) = \tau$ を満たす $\boldsymbol{x}$ の1つを表します．これで定理が証明できました．

1.5 ネイマン・ピアソン決定則による異常検知の最適性

本書では異常度の標準的な定義として負の対数尤度または対数尤度比を採用しています．この節では，式 (1.2) による異常度の定義の理論的な正当性を，ネイマン・ピアソンの補題と呼ばれる結果を証明することで裏づけます．

定理 1.2（ネイマン・ピアソンの補題）

式 (1.2) で与えた異常度の定義は，一定の正常標本精度のもとで異常標本精度を最大にするという意味で最適である．

上記の定理を証明してみましょう．正常標本精度と異常標本精度の定義から，求める最適な異常度 $a^*(\boldsymbol{x})$ は次のように数式で表現できます．

$$a^* = \arg\max_a \int \mathrm{d}\boldsymbol{x}\; I\left[a(\boldsymbol{x}) \geq \tau_\alpha\right] p(\boldsymbol{x}|y=1, \mathcal{D})$$

これは関数 $a(\boldsymbol{x})$ の形をいろいろ変えて最大値を求める最適化問題で，**変分**

問題（variational problem）と呼ばれます[*5]．τ_α は，正常標本精度 α に対して次の方程式を満たす τ のことです．

$$\int \mathrm{d}\boldsymbol{x}\ I\left[a(\boldsymbol{x}) \geq \tau\right]\ p(\boldsymbol{x}|y=0,\mathcal{D}) = 1-\alpha$$

ラグランジュ乗数（Lagrange multiplier）λ を用いれば，この問題は，次式で定義される $\Psi[a|\lambda]$ を a について最大化する問題といい換えられます．

$$\Psi[a|\lambda] = \int \mathrm{d}\boldsymbol{x}\ I\left[a(\boldsymbol{x}) \geq \tau_\alpha\right]\left\{p(\boldsymbol{x}|y=1,\mathcal{D}) - \lambda p(\boldsymbol{x}|y=0,\mathcal{D})\right\}$$

この積分を最大化するには，$\{\ \}$ が負でない領域をすべて拾うように指示関数 $I[\cdot]$ の中身を調整すればよいことがわかります．負の領域を少しでも拾ってしまうとマイナスを加えることになるので当然です．負でない領域とは $p(\boldsymbol{x}|y=1,\mathcal{D}) \geq \lambda p(\boldsymbol{x}|y=0,\mathcal{D})$ が成り立つ領域のことです．これが $a(\boldsymbol{x}) \geq \tau_\alpha$ と一致すればいいので，この条件から

$$a(\boldsymbol{x}) = \frac{p(\boldsymbol{x}|y=1,\mathcal{D})}{p(\boldsymbol{x}|y=0,\mathcal{D})},\ \ \lambda = \tau_\alpha \tag{1.8}$$

が得られます．単調増加関数である対数関数を使って変換したものを改めて $a(\boldsymbol{x})$ と定義し直せば，式 (1.2) と一致します．さらに，

$$a(\boldsymbol{x}) = -\ln p(\boldsymbol{x}|y=0,\mathcal{D}) + \ln p(\boldsymbol{x}|y=1,\mathcal{D})$$

と書いて第 2 項を無視すれば，式 (1.4) で与えた定義，すなわち，「正常モデルに対する当てはまりの悪さで異常度を定義する」やりかたと一致しています．

ネイマン・ピアソン決定則と，二値分類の基本的な決定則として有名な**ベイズ決定則**（Bayes' decision rule）は一見似ていますが，同じものではありません．差異を理解することが重要です．両者の関係を 3.5 節で説明しています．この区別は二値分類器を異常検知に使う場合に重要となります．

---

*5　一般に，$\arg\max_x f(x)$ は，「$f(x)$ の最大値を実現する x を取り出せ」という意味です．arg をつけないと単に $f(x)$ の最大値です．arg min も同様に定義されます．

Chapter 2

ホテリングのT^2法による異常検知

本章では，単一の多変量正規分布に従う独立な標本が与えられたときの古典的な外れ値検出技術であるホテリングの T^2 法を解説します．先に一般的に定義した異常度（式 (1.4)）が，多変量正規分布を用いてどのように表現され，具体的な異常度の表式としてはどのようなものが得られるかに注目して読み進めましょう．

2.1 多変量正規分布の最尤推定

式 (1.3) のような，M 次元の N 個の観測値からなるデータ $\mathcal{D} = \{\boldsymbol{x}^{(1)}, \boldsymbol{x}^{(2)}, \ldots, \boldsymbol{x}^{(N)}\}$ を考えます．ホテリングの T^2 法では，このデータが，異常標本を含まないか，含んでいたとしても圧倒的に少数であるという前提のもと，各標本が独立に次の確率密度関数に従うと仮定します．

$$\mathcal{N}(\boldsymbol{x}|\boldsymbol{\mu}, \Sigma) \equiv \frac{|\Sigma|^{-1/2}}{(2\pi)^{M/2}} \exp\left\{-\frac{1}{2}(\boldsymbol{x}-\boldsymbol{\mu})^\top \Sigma^{-1}(\boldsymbol{x}-\boldsymbol{\mu})\right\} \tag{2.1}$$

この確率密度関数を**正規分布**（normal distribution）と呼びます．しばしば**ガウス分布**（Gaussian distribution）とも呼ばれます．この確率分布には**平均**（mean）$\boldsymbol{\mu}$ と，**共分散行列**（covariance matrix）Σ という 2 つのパラメターが入っています．$|\cdot|$ は行列式，Σ^{-1} は共分散行列の逆行列を意味します．Σ^{-1} をしばしば Λ という記号（大文字のラムダ）で表し，これを**精度行

列（precision matrix）と呼びます．

これらのパラメターをデータ $\mathcal{D}$ から決めるための最も自然な方法は，**最尤推定**（maximum likelihood）と呼ばれる方法です．N 個の観測データが独立に取得されたと仮定できれば[*1]，$\mathcal{D}$ の対数尤度 $L(\boldsymbol{\mu}, \Sigma|\mathcal{D})$ は次のようになります．

$$L(\boldsymbol{\mu}, \Sigma|\mathcal{D}) = \ln \prod_{n=1}^{N} \mathcal{N}(\boldsymbol{x}^{(n)}|\boldsymbol{\mu}, \Sigma) = \sum_{n=1}^{N} \ln \mathcal{N}(\boldsymbol{x}^{(n)}|\boldsymbol{\mu}, \Sigma) \tag{2.2}$$

これを最大化するように $\boldsymbol{\mu}$ と Σ を決めるのがこの場合の最尤推定です．

ここで，多変量正規分布の定義式 (2.1) を代入することで，

$$L(\boldsymbol{\mu}, \Sigma|\mathcal{D}) = -\frac{MN}{2}\ln(2\pi) - \frac{N}{2}\ln|\Sigma| - \frac{1}{2}\sum_{n=1}^{N}(\boldsymbol{x}^{(n)} - \boldsymbol{\mu})^\top \Sigma^{-1}(\boldsymbol{x}^{(n)} - \boldsymbol{\mu})$$

となることがわかります．これを最大化するような $\boldsymbol{\mu}$ と Σ を求めるために，まず，$L(\mathcal{D}|\boldsymbol{\mu}, \Sigma)$ を $\boldsymbol{\mu}$ で微分して 0 と等値します．微分の結果が

$$\frac{\partial L(\boldsymbol{\mu}, \Sigma|\mathcal{D})}{\partial \boldsymbol{\mu}} = \sum_{n=1}^{N} \Sigma^{-1}(\boldsymbol{x}^{(n)} - \boldsymbol{\mu})$$

となることから，容易に最尤解 $\boldsymbol{\mu} = \hat{\boldsymbol{\mu}}$ が

$$\hat{\boldsymbol{\mu}} = \frac{1}{N}\sum_{n=1}^{N} \boldsymbol{x}^{(n)} \tag{2.3}$$

となることがわかります．これは，いわゆる**相加平均**（arithmetic mean）にほかなりません[*2]．

Σ については，行列式の性質 $-\ln|\Sigma| = \ln|\Sigma^{-1}|$ に注意しつつ，Σ そのものではなくて Σ^{-1} で微分することにより，最尤解 $\Sigma = \hat{\Sigma}$ が

$$\hat{\Sigma} \equiv \frac{1}{N}\sum_{n=1}^{N}(\boldsymbol{x}^{(n)} - \hat{\boldsymbol{\mu}})(\boldsymbol{x}^{(n)} - \hat{\boldsymbol{\mu}})^\top \tag{2.4}$$

のように得られます．ただし，微分の実行においては後述の行列の微分公式

---

*1 独立でない状況とは，たとえば，「前回は値が大きすぎる気がしたので，今回はちょっと値を割り引こう」のように，前のデータに依存して今の観測値が決まるような状況です．

*2 ^ は「ハット」と読み，最尤推定値であることを示します．

(2.5) および (2.7) を使いました[*3].

積とトレース（Tr と表す）が適切に定義できる行列 A と B について，以下の式が成り立ちます．

$$\frac{\partial}{\partial \mathsf{A}}\mathrm{Tr}(\mathsf{AB}) = \frac{\partial}{\partial \mathsf{A}}\mathrm{Tr}(\mathsf{BA}) = \mathsf{B}^\top \tag{2.5}$$

$$\frac{\partial}{\partial \mathsf{A}}\mathrm{Tr}(\mathsf{ABA}^\top) = \mathsf{A}(\mathsf{B}+\mathsf{B}^\top) \tag{2.6}$$

また，正則な正方行列 A について次の微分公式が成り立ちます．

$$\frac{\partial}{\partial \mathsf{A}}\ln|\mathsf{A}| = (\mathsf{A}^{-1})^\top \tag{2.7}$$

これらの証明は姉妹書 [9] に譲ります．

2.2　マハラノビス距離とホテリングの T^2 法

最尤推定量を代入することにより，データ $\mathcal{D}$ を表現する確率密度関数が，

$$p(\boldsymbol{x} \mid \mathcal{D}) = \mathcal{N}(\boldsymbol{x} \mid \hat{\boldsymbol{\mu}}, \hat{\Sigma}) \tag{2.8}$$

のように得られたことになります．式 (1.4) に基づいて異常度を定義しましょう．多変量正規分布の定義式 (2.1) を使い，観測値に関係のない定数を無視すると

$$a(\boldsymbol{x}') = (\boldsymbol{x}' - \hat{\boldsymbol{\mu}})^\top \hat{\Sigma}^{-1} (\boldsymbol{x}' - \hat{\boldsymbol{\mu}}) \tag{2.9}$$

のようになります．ただし，式の形を整えるために 1/2 を落としました．これは明らかに，観測データ $\boldsymbol{x}'$ が，どれだけ標本平均 $\hat{\boldsymbol{\mu}}$ から離れているかを表すもので，しばしば「距離」という側面を強調して，**マハラノビス距離** (Mahalanobis distance)（の 2 乗）と呼ばれます．$\hat{\Sigma}^{-1}$ は，直感的には各軸を標準偏差で割ることに対応しています．大雑把にいえば，「ばらつきが大きい方向の変動は大目に見る」という効果があります．このことを理解す

*3　積が適切に定義できる行列 A とベクトル $\boldsymbol{a}, \boldsymbol{b}$ に対し，$\boldsymbol{a}^\top \mathsf{A}\boldsymbol{b} = \mathrm{Tr}(\boldsymbol{a}^\top \mathsf{A}\boldsymbol{b}) = \mathrm{Tr}(\mathsf{A}\boldsymbol{b}\boldsymbol{a}^\top)$ が成り立つことに注意．

るために，各変数の相関が弱い状況を想像してみましょう．このとき，$\hat{\Sigma}$ の (i,j) 成分は $\delta_{i,j}\hat{\sigma}_i^2$ と近似できます．$\delta_{i,j}$ は**クロネッカーのデルタ**で，$i=j$ のときが 1，それ以外だと 0 になる関数です．$\hat{\sigma}_i$ は x_i の標準偏差です．したがってマハラノビス距離は

$$a(\boldsymbol{x}') \approx \sum_{i=1}^{M} \left(\frac{x_i - \hat{\mu}_i}{\sigma_i} \right)^2$$

のようになります．式の形から明らかに，$\hat{\Sigma}^{-1}$ は，変数ごとのばらつきの違いをいわば吸収する役割を担っていること，したがってマハラノビス距離は，異なる変数をフェアに統合した指標になっていることがわかります．

式 (2.9) を使うと任意の観測値 $\boldsymbol{x}'$ について異常度が計算できます．実用上，次のステップは，$\boldsymbol{x}'$ を異常か正常か判定するための閾値をどう決めるかという点です．ホテリングの T^2 法が異常検知の古典理論として有名なのは，異常度 a が従う確率分布を，多変量正規分布の仮定に基づいて明示的に導くことができるからです．異常度の確率分布が既知なら，それに基づいて閾値を設定するのは容易です．たとえば異常度 (2.9) の確率分布として**図 2.1** のような曲線が得られたとします．この分布は，データ $\mathcal{D}$ が正常状態の分布に従うとの前提で作られた分布ですから（1.3.2 項参照），青色部分の確率値，すなわち誤報率を，たとえば 3 パーセントや 5 パーセントという小さい値に指定して，矢印で示した閾値よりも大きな異常度を与える x' は異常と判定することになります．これは「**正常時には** 5 パーセント未満でしか起こらないくらいまれな値だから，きっと正常ではないのだろう」という論理になります．

マハラノビス距離として定義された異常度 a について，次の定理 2.1 が成り立つことが知られています．証明のためには本書の範囲を超える道具立てが必要なので，詳しい説明は本書の姉妹書 [9] および多変量解析の教科書 [19] に譲ります．ただ，ほとんどの場合，「正規分布に従う変数の 2 次式からカイ 2 乗分布が出てくる」という点さえ押さえておけば困ることはありません．この点については次節で証明を与えます．

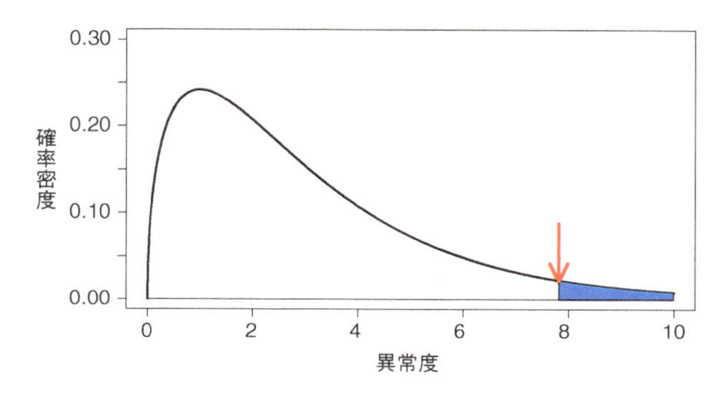

図 2.1 異常度の確率分布と閾値の関係．横軸は異常度，縦軸は確率密度．

定理 2.1（ホテリングの T^2 法）

M 次元正規分布 $\mathcal{N}(\boldsymbol{\mu}, \Sigma)$ からの N 個の独立標本 $\{\boldsymbol{x}^{(1)}, \ldots, \boldsymbol{x}^{(N)}\}$ に基づき，標本平均 $\hat{\boldsymbol{\mu}}$ を式 (2.3) で，標本共分散 $\hat{\Sigma}$ を式 (2.4) で定義する．$\mathcal{N}(\boldsymbol{\mu}, \Sigma)$ からの独立標本 $\boldsymbol{x}'$ を新たに観測したとき，以下が成立する．

1. $\boldsymbol{x}' - \hat{\boldsymbol{\mu}}$ は，平均 $\mathbf{0}$，共分散 $\frac{N+1}{N}\Sigma$ の M 次元正規分布に従う．
2. $\hat{\Sigma}$ は，$\boldsymbol{x}' - \hat{\boldsymbol{\mu}}$ と統計的に独立である．
3. $T^2 \equiv \frac{N-M}{(N+1)M} a(\boldsymbol{x}')$ により定義される統計量 T^2 は，自由度 $(M, N-M)$ の F 分布に従う．ただし $a(\boldsymbol{x}')$ は式 (2.9) で定義される．
4. $N \gg M$ の場合は，$a(\boldsymbol{x}')$ は，近似的に，自由度 M，スケール因子 1 のカイ 2 乗分布に従う．

上記，定理 2.1 の 3 に現れた統計量（またはその定数倍）T^2 をしばしば**ホテリング統計量**（Hotelling's statistics），または**ホテリングの** T^2（Hotelling's T^2）と呼びます．

この定理 2.1 を使うにあたり，実用上は，よほど系の変数の数 M が多くなければ，$N \gg M$ が成り立つことがほとんどだと思います．したがって，実用上最も重要なのが最後の命題4です．この主張は，定理の条件が満たされる限り，異常度 a が，データの物理的単位や数値によらず，普遍的に，自由度 M，スケール因子1のカイ2乗分布に従う，というものです．ここで出てきた**カイ2乗分布**（Chi-squared distribution）という分布は，確率密度関数が

$$\chi^2(u \mid k, s) \equiv \frac{1}{2s\Gamma(k/2)} \left(\frac{u}{2s}\right)^{(k/2)-1} \exp\left(-\frac{u}{2s}\right) \tag{2.10}$$

で与えられるものです．s がスケール因子，k が自由度です．Γ はガンマ関数を表し，次式で定義されます．

$$\Gamma(z) \equiv \int_0^\infty \mathrm{d}t\, t^{z-1} \mathrm{e}^{-t} \tag{2.11}$$

このカイ2乗分布の期待値は M，分散 $2M$ です．分散が M に比例するということの意味は実用上重要です．精度よい異常検知のためには，なるべく変数を絞った変数の部分集合ごとに T^2 を計算するのがよいでしょう．事前の**特徴量の吟味**（feature engineering）が必要であるゆえんです．

カイ2乗分布に基づく異常判定モデルの構築手順をアルゴリズム2.1にまとめておきます．

アルゴリズム 2.1　ホテリングの T^2 法

所与の誤報率 α に基づき，カイ 2 乗分布から方程式

$$1-\alpha=\int_0^{a_{\rm th}}\mathrm{d}x\ \chi^2(x\mid M,1)$$

により閾値 $a_{\rm th}$ を求めておく．

1. 正常標本が圧倒的だと信じられるデータから標本平均 (2.3) および標本共分散行列 (2.4)

$$\hat{\boldsymbol{\mu}}=\frac{1}{N}\sum_{n=1}^{N}\boldsymbol{x}^{(n)},\quad \hat{\boldsymbol{\Sigma}}=\frac{1}{N}\sum_{n=1}^{N}(\boldsymbol{x}^{(n)}-\hat{\boldsymbol{\mu}})(\boldsymbol{x}^{(n)}-\hat{\boldsymbol{\mu}})^\top$$

を計算しておく．

2. 新たな観測値 $\boldsymbol{x}'$ を得るたび，異常度としてのマハラノビス距離 (2.9)

$$a(\boldsymbol{x}')=(\boldsymbol{x}'-\hat{\boldsymbol{\mu}})^\top\hat{\boldsymbol{\Sigma}}^{-1}(\boldsymbol{x}'-\hat{\boldsymbol{\mu}})$$

を計算する．

3. $a(\boldsymbol{x}')>a_{\rm th}$ なら警報を出す．

ホテリングの T^2 法は，半導体製造プロセスの監視業務 [14] をはじめ，広く実世界で使われていますが，ホテリングの T^2 法で決められたパーセント値による閾値は，しばしば誤報をもたらすことが知られています．最大の原因は，F 分布ないしカイ 2 乗分布における自由度が，理論的に予測される値とかなり食い違うことがしばしばある点です．そのような場合は，訓練標本に対して計算された異常度に対して，改めてカイ 2 乗分布を当てはめるという手順が有効です．その手順を 7.4 節で説明していますのでご参照ください．

2.3 正規分布とカイ 2 乗分布の関係

ホテリングの T^2 法で最も重要なのは，異常度としてのマハラノビス距離 (2.9) が，カイ 2 乗分布に従うという結果です．カイ 2 乗分布の由来を理解するため，次の定理を証明してみます．

定理 2.2（1 次元正規変数の平方和の分布）

$\mathcal{N}(0,\sigma^2)$ に独立に従う M 個の確率変数 $x_1,\ldots,x_M$ と，定数 $c>0$ により定義される確率変数

$$u \equiv c({x_1}^2+{x_2}^2+\cdots+{x_M}^2)$$

は，自由度 M，スケール因子 $c\sigma^2$ のカイ 2 乗分布 $\chi^2(u \mid M, c\sigma^2)$ に従う．

この定理は，なぜカイ 2 乗分布が「カイ（χ）2 乗」という，いかにも x_i^2 を示唆する名前になっているかを示しています．マハラノビス距離は M 次元の正規変数の 2 次式なので，そこには M 個の 2 乗が含まれます．この観点からすれば，マハラノビス距離が自由度 M のカイ 2 乗分布に従うという定理 2.1 の結果は覚えやすいと思います．

定理 2.2 は確率分布の定義から直接示すことができます．本章の補足 2.4 節で示した確率変数の変換公式 (2.19) によれば，確率変数 u の確率密度関数 $q(u)$ は形式的に次のように書けます．

$$q(u) = \int_{-\infty}^{\infty} \mathrm{d}x_1 \cdots \mathrm{d}x_M \, \delta\left(u - c({x_1}^2+\cdots+{x_M}^2)\right) \prod_{n=1}^{M} \mathcal{N}(x_n \mid 0, \sigma^2)$$

ここで，被積分関数は変数の 2 乗和にのみ依存しますので，M 次元球座標に変数変換するのが便利です．動径座標を r，M 次元空間内での単位球表面の面素を $\mathrm{d}S_M$ と置くと，$r^{M-1}\mathrm{d}S_M$ が半径 r の球面上の面素の面積に当たります．面積に厚さをかけると体積なので

$$\mathrm{d}x_1 \cdots \mathrm{d}x_M = \mathrm{d}r\ r^{M-1}\ \mathrm{d}S_M \tag{2.12}$$

という関係が成り立つことが直感的にも明らかです．さらに，$v = cr^2, r = \sqrt{v/c}$ により r から v に積分変数を変換すると

$$\mathrm{d}x_1 \cdots \mathrm{d}x_M = \mathrm{d}r\ r^{M-1}\ \mathrm{d}S_M = \frac{\mathrm{d}v}{2c}\left(\frac{v}{c}\right)^{(M/2)-1}\mathrm{d}S_M \tag{2.13}$$

となります．これを使うと $q(u)$ は

$$q(u) = \int_0^\infty \frac{\mathrm{d}v}{2c}\left(\frac{v}{c}\right)^{(M/2)-1}\delta(u-v)\ (2\pi\sigma^2)^{-M/2}\ \mathrm{e}^{-v/(2c\sigma^2)}\int \mathrm{d}S_M$$

となります．この v の積分については，デルタ関数の一般的性質 (2.20) を使えば瞬時に実行できます．また，被積分関数は単位球上での位置にまったく依存しませんので，M 次元空間での単位球の表面積そのもの

$$S_M \equiv \int \mathrm{d}S_M = \frac{2\pi^{M/2}}{\Gamma(M/2)} \tag{2.14}$$

となります（姉妹書 [9] を参照）．以上まとめると，最終的な結果は次の通りです．

$$q(u) = \frac{1}{2c\sigma^2\Gamma(M/2)}\left(\frac{u}{2c\sigma^2}\right)^{(M/2)-1}\exp\left(-\frac{u}{2c\sigma^2}\right) \tag{2.15}$$

これは自由度 M，スケール因子 $c\sigma^2$ のカイ 2 乗分布にほかなりません．これで定理 2.2 が証明できました．

なお，この証明からわかる通り，カイ 2 乗分布の自由度は「独立な正規変数が何個あったか」を示しています．独立変数の分だけ自由に動けるわけですから，自由度という用語は納得できます．

最後に，定理 2.1 で出てきた F 分布の定義を参考までに書いておきます．自由度 (m, n) の F 分布の確率密度関数は

$$\mathcal{F}(u|m,n) \equiv \frac{1}{B(m/2, n/2)}\left(\frac{m}{n}\right)^{m/2} u^{(m/2)-1}\left(1 + \frac{mu}{n}\right)^{-(m+n)/2} \tag{2.16}$$

で与えられます．ただし $B(b, c)$ はベータ関数と呼ばれるもので，ガンマ関数により次のように定義されます．

$$B(b,c) = B(c,b) = \frac{\Gamma(b)\Gamma(c)}{\Gamma(b+c)} \tag{2.17}$$

F 分布とカイ 2 乗分布の関係も確率変数の変換公式の帰結として導くことができます．興味のある方は姉妹書 [9] をご参照ください．

2.4 補足: デルタ関数と確率分布の変換公式

本節では，補足として**ヤコビアン**（Jacobian）が自明に定義できない状況において有用な確率分布の一般的な変換公式を与えます．

確率変数 $\{x_1, \ldots, x_M\}$ と，その同時分布 $p(x_1, \ldots, x_M)$ が与えられているとし，変換 $z = f(x_1, \ldots, x_M)$ により定義される新しい確率変数 $z \in \mathbb{R}^1$ の分布を $p(x_1, \ldots, x_M)$ から求めることを考えましょう．

離散分布の場合，z の値のそれぞれについて $x_1, \ldots, x_M$ のとり得る場合の確率値を合計すればよいので，次のような式が成り立つことがわかります．

$$q(z) = \sum_{x_1, \ldots, x_M} \delta(z, f(x_1, \ldots, x_M))\, p(x_1, \ldots, x_M) \tag{2.18}$$

これが，離散変数の変数変換に伴う確率分布を与える一般公式です．ただし $\delta(\cdot, \cdot)$ は 2.2 節で出てきたクロネッカーのデルタの別表現で，カンマの両側の量が等しいときに 1，そうでない場合は 0 となる関数です．

次に連続関数を考えます．この場合，和を積分に，クロネッカーのデルタを**ディラックのデルタ関数**（Dirac's delta function）に置き換えれば上記の式がそのまま使えます．

$$q(z) = \int_{-\infty}^{\infty} \mathrm{d}\boldsymbol{x}\; \delta(z - f(x^{(1)}, \ldots, x^{(M)}))p(x_1, \ldots, x_M) \tag{2.19}$$

ただし，関数 p のもともとの定義域の外では $p(x_1, \ldots, x_M) = 0$ となるように p の定義域を全領域に拡大しておくものとします（以下同様です）．

ディラックのデルタ関数は被積分関数として現れる特別な関数で，任意の連続関数 $f(x)$ と定数 b に対して

$$\int_{-\infty}^{\infty} \mathrm{d}x\; \delta(x - b) f(x) = f(b) \tag{2.20}$$

を満たします．また，この式において，恒等関数 $f(x) = 1$ を使うことで，

$$\int_{-\infty}^{\infty} \mathrm{d}x\, \delta(x-b) = 1 \tag{2.21}$$

であることもわかります．デルタ関数の具体的実体としては，分散が 0 の極限の正規分布を想像するとよいでしょう．多次元のデルタ関数は上記定義したスカラー変数に対するデルタ関数の積として

$$\delta(\boldsymbol{x}-\boldsymbol{b}) = \prod_{i=1}^{M} \delta(x_i - b_i) \tag{2.22}$$

$$\int_{-\infty}^{\infty} \mathrm{d}x_1 \cdots \int_{-\infty}^{\infty} \mathrm{d}x_M\, \delta(\boldsymbol{x}-\boldsymbol{b}) f(\boldsymbol{x}) = f(\boldsymbol{b}) \tag{2.23}$$

のように定義できます．ただし x_i は M 次元変数 $\boldsymbol{x}$ の第 i 成分，b_i は M 次元定ベクトル $\boldsymbol{b}$ の第 i 成分です．

式 (2.19) が規格化条件を満たすことは，両辺を z について積分して式 (2.21) を使えば容易に確かめられます．

Chapter 3

単純ベイズ法による異常検知

1 つの変数なら何となくわかるけれど，多変数になった途端に混乱する，という人も多いと思います．この章では，多次元のデータに対する異常検知の問題を，1 次元の異常検知の問題に帰着するための枠組みを考えます．ラベルつきデータとラベルなしデータの双方に対し一般的に与えた異常度（式 (1.2) と式 (1.4)）が，多項分布と多次元正規分布に対しそれぞれ具体的にどのような式になるのか注目して読み進めましょう．多項分布の単純ベイズ法は迷惑メール分類器の基本技術であり，実用上重要です．

3.1　多次元の問題を 1 次元に帰着する

異常検知の問題を難しくする要素は一般にいくつかあります．その中で最も重要なものとして「変数がたくさんあって手に負えない」という状況があります．今，式 (1.1) のように，正常 $y=0$ と異常 $y=1$ のフラグが付された標本を N 個含むデータ $\mathcal{D}$ が手元にあると考えましょう．第 n 番目の標本 $\boldsymbol{x}^{(n)}$ は M 次元ベクトルとします．M が 2 とか 3 くらいまでなら何とかイメージがつかめるとしても，それ以上になれば頭の中で考えるのは難しくなります．

単純ベイズ（naive Bayes）**法**（**ナイーブベイズ法**とも呼ばれます）はその困難を，変数ごと（変数の次元ごと）に問題を切り分ける，という単純な考え方で解決する手法です．式 (1.2) で与えた異常度を計算するためには，y が与えられたときの $\boldsymbol{x}$ の条件つき分布 $p(\boldsymbol{x} \mid y)$ をモデルとして与え，それに含まれるパラメターをデータから決めることが必要です．単純ベイズ法では，このモデルとして次のようなものを仮定します．

$$p(\boldsymbol{x}|y) = p(x_1|y)p(x_2|y)\cdots p(x_M|y) = \prod_{i=1}^{M} p(x_i \mid y) \tag{3.1}$$

これは M 次元のそれぞれが（y を 1 つ決めたという条件のもとで）統計的に独立であるということを示します．

統計的に独立であるという事実は，最尤推定のための対数尤度の式を書き下してみるとより明瞭になります．話を具体的にするために，今，x_i の条件つき分布が，$p(x_i \mid \boldsymbol{\theta}_i^y, y)$ のように未知パラメター $\boldsymbol{\theta}_i^y$ を含む形で明示的に書けているとしましょう．パラメターは一般に複数あるので，$\boldsymbol{\theta}_i^y$ のようにベクトル風の太字にしていますが，3.3 節の迷惑メール分類に使う多項分布であれば，$\boldsymbol{\theta}_i^y$ は，i 番目の語の出現確率そのものです．y の値が 0 の場合（普通メール）と，1 の場合（迷惑メール）とでは i 番目の語の出現頻度は当然異なります．$\boldsymbol{\theta}_i^y$ の添え字 y はそのような違いを区別するためのものです．このとき，対数尤度は

$$\begin{aligned} L(\boldsymbol{\Theta} \mid \mathcal{D}) &= \sum_{n=1}^{N}\sum_{i=1}^{M} \ln p(x_i^{(n)} \mid \boldsymbol{\theta}_i^{y^{(n)}}, y^{(n)}) \\ &= \sum_{i=1}^{M} \left\{ \sum_{n \in \mathcal{D}^1} \ln p(x_i^{(n)}|\boldsymbol{\theta}_i^1, y=1) + \sum_{n \in \mathcal{D}^0} \ln p(x_i^{(n)}|\boldsymbol{\theta}_i^0, y=0) \right\} \end{aligned} \tag{3.2}$$

となります．ただし，$\mathcal{D}^0$ は $y^{(n)} = 0$ となる標本の集合，$\mathcal{D}^1$ は $y^{(n)} = 1$ となる標本の集合です．n に関する和は，それぞれの集合の要素に対してとります．左辺の $\boldsymbol{\Theta}$ は，異なる i と y に対するパラメター $\boldsymbol{\theta}_i^y$ を全部まとめて表記した記号です．したがって，たとえば $\boldsymbol{\theta}_i^1$ の最尤解を与える条件式は

$$\boldsymbol{0} = \frac{\partial L}{\partial \boldsymbol{\theta}_i^1} = \frac{\partial}{\partial \boldsymbol{\theta}_i^1} \sum_{n \in \mathcal{D}^1} \ln p(x_i^{(n)}|\boldsymbol{\theta}_i^1, y=1)$$

のようになります[*1]．最右辺には添え字 i と $y = 0$ に対応する項しか寄与しません．これはつまり，問題が変数ごと，y ごとに切り分けられたということです．変数同士の絡み合いを気にせず，まるで 1 次元の問題であるかのように扱ってよいということです．この結論を，定理の形でまとめておきましょう．

定理 3.1（変数が統計的に独立な場合の最尤推定）

式 (3.1) のように変数ごとに積の形となっている場合，M 変数のそれぞれに対して別々に最尤推定することで，モデルのパラメターを求めることができる．

単純ベイズ法の「ベイズ」という名前の由来は，変数同士を独立とみなすという上記の「単純な」想定に，ベイズ決定則と呼ばれる分類規則を併用して分類器が構築されるのが通例だからです．ベイズ決定則と，定義 1.1 で与えたネイマン・ピアソン決定則の関係の詳細は 3.5 節に譲り，ここでは単純ベイズ法を，単に，「各変数が独立だとみなすモデリング手法を異常度（式 (1.2)）に適用したもの」であると考えて先に進みましょう．

3.2　独立変数モデルのもとでのホテリングの T^2 法

変数の独立性を仮定するモデルはラベルなしデータでも適用できます．例として，第 2 章で述べたホテリングの T^2 法においてこの考え方を使ってみましょう．データとして式 (1.3) のような，M 次元の N 個の観測値からなるデータ $\mathcal{D} = \{\boldsymbol{x}^{(1)}, \boldsymbol{x}^{(2)}, \ldots, \boldsymbol{x}^{(N)}\}$ を考えます．観測値の確率分布のモデルとしては，通常の多変量正規分布 (2.1) の代わりに

$$p(\boldsymbol{x}) = \prod_{i=1}^{M} \mathcal{N}(x_i|\mu_i, \Sigma_{ii}) = \prod_{i=1}^{M} \frac{1}{\sqrt{2\pi\Sigma_{ii}}} \exp\left\{-\frac{1}{2\Sigma_{ii}}(x_i - \mu_i)^2\right\} \tag{3.3}$$

のようなものを考えてみます．これは，もとの多変量正規分布において共分散行列の非対角成分をすべて 0 と置いたものと同じです．

---

*1　$\boldsymbol{\theta}_i^1$ に取り立てて拘束条件などがない前提です．拘束条件があるとラグランジュ乗数法でそれを取り込んだ式を微分する必要があります．

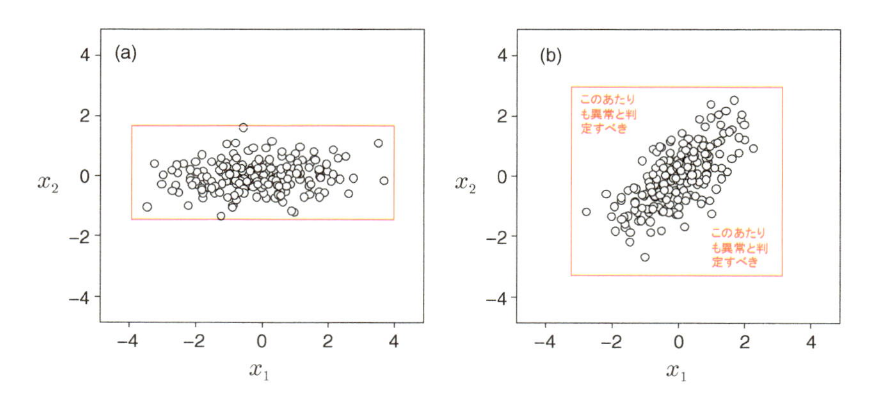

図 3.1 ホテリングの T^2 法を単純ベイズ法で簡単化した場合．(a) 変数間にこれといって相関がない場合．(b) 変数間に線形相関がある場合．

この場合も明らかに定理 3.1 は成り立ち，対数尤度を μ_i および Σ_{ii}^{-1} に対して微分して 0 と等置することにより容易に次の最尤解が得られます．

$$\hat{\mu}_i = \frac{1}{N}\sum_{n=1}^{N} x_i^{(n)}, \quad \hat{\Sigma}_{ii} = \hat{\sigma}_i^2 \equiv \frac{1}{N}\sum_{n=1}^{N}(x_i^{(n)} - \hat{\mu}_i)^2 \tag{3.4}$$

明らかにこれらは 1 次元の場合の標本平均と分散に一致しています．

これを使って異常度 (2.9) を求めると次の通りです．

$$a(\boldsymbol{x}') = \sum_{i=1}^{M}\left(\frac{x'_i - \hat{\mu}_i}{\hat{\sigma}_i}\right)^2 \tag{3.5}$$

すなわち，M 次元ベクトルとしての観測値 $\boldsymbol{x}'$ の異常度は，M 個の変数のそれぞれに対して計算された異常度の和となります．この計算には面倒な逆行列計算などは不要なので，もし変数同士が独立であるという仮定がよく成り立つ状況ならば実用上有用です．仮定が必ずしも正しくなくても，異常度の大きさを見積もるためには有用な式といえます．

この式は，変数間の相関がどのように異常判定に関係するかを理解する上で有用です．**図 3.1** に典型的な 2 つの状況を示しました．式 (3.5) は，正常時にとり得る値の範囲を変数ごとに決めるという式ですから，正常と判定される範囲は図のような四角形で表されます．新たな観測値がこの枠の中に入れば正常ですが，枠の外なら異常と判定するわけです．図の (a) のように，2 つの変数の間にこれといって相関がない場合は四角の枠でも特に支障はなさそうですが，(b) のように線形相関がありそうな場合は問題が生じます．すなわち，変数個々に見ている限りは，異常判定の枠が不当に大きくなる傾向にあります．この場合は，45 度の線から大きく外れた右下・左上の領域に落ちても異常と判定したいところですが，各変数個別に眺める式 (3.5) ではうまく対応できないということになります．

この問題に対処するため，M 変数を 1 つずつにばらばらにするのではなく，2 つずつ組にして見るという方法があります．個々の組においては 2 次元のホテリングの T^2 法や第 8 章で述べる回帰モデルに基づく方法により異常監視を行うわけです．この方法は手軽かつ適用範囲が広く，発電設備や鉄道車両の監視業務に実際に使われています．この見方をさらに発展させて，変数の相関関係全体を監視する，という手法を構築することも可能です．これについては第 10 章以降で解説します．

3.3　多項分布による単純ベイズ分類

本節では，単純ベイズ法を多項分布という分布について適用した例を紹介します．この手法は迷惑メールフィルターの基本手法として実用的にも重要なものです．

3.3.1　多項分布: 頻度についての分布

圧力や温度といった物理量のほか, 実用的に重要なデータとして「頻度」についてのデータがあります．たとえば通販サイトの管理者は，どの商品が何回閲覧されたかに興味があるかもしれません．あるいは，図書館の司書は，どのジャンルの本が何冊貸し出されたかに興味を持つかもしれません．頻度も，物理量と同様のただの数値と見て扱える場合もありますが，頻度専用の分布を使ったほうがより正確かつ妥当な分析ができる場合がしばしばあります．

その代表例として，迷惑メールの振り分け問題があります．迷惑メールフィルターは，典型的には，それぞれのメールにおける単語の頻度を計算し，それを各メールを特徴づける特徴量として使用しています．メールで一般的に使われそうな単語，たとえば，うれしい，がっかり，気温，雨，値段，飛行機，飛ぶ，などをあらかじめ列挙しておきます．これは辞書があれば可能です．列挙した単語の数を M と表すと，M は数万の程度になるでしょう．1 つのメールは，単語の頻度を単語ごとに集計したベクトルとして

$$\boldsymbol{x} = (0, 0, 0, 1, 0, 0, 2, 0, 0, \dots)^\top$$

のように表されることになります．たとえば，1 次元目は「愛」という単語の出現回数，2 次元目は「合いの手」という単語の出現回数，のような感じです．これは一般に非常に 0 の多いベクトルとなります．単語の順番はアルファベット順でも 50 音順でも何でもよいので，これはいわばメールを単語の袋詰めとみなし，その袋詰めをベクトルとして展開したものに対応しています．これを**単語袋詰め**（bag-of-words）モデルと呼びます*2.

さて，このような表現を考えたとき，$\boldsymbol{x}$ の出方を表す確率分布を考えましょう．単語袋詰めモデルは単語同士の関係を無視して個別にカウントするモデルですから，$\boldsymbol{x}$ の分布は，各単語の出現確率 $\theta_1, \dots, \theta_M$ で表現できるように思われます．実際それは正しく，次のような形となります．

$$\mathrm{Mult}(\boldsymbol{x} \mid \boldsymbol{\theta}) = \frac{(x_1 + \cdots + x_M)!}{x_1! x_2! \cdots x_M!} \theta_1^{x_1} \cdots \theta_M^{x_M} \tag{3.6}$$

ただし $\boldsymbol{\theta}$ は $\{\theta_i\}$ をベクトルとしてまとめた表記です．これは条件 $\sum_{i=1}^{M} \theta_i = 1$ を満たす必要があります．これを**多項分布**（multinomial distribution）と呼びます．$M = 2$ の場合を特に 2 項分布と呼びます．多項分布は頻度を表現するための最も自然な分布です．

多項分布の著しい特徴は，1 つのメールに現れる単語の総数 $x_1 + \cdots + x_M$ が決まれば，分布が $\theta_i^{x_i}/(x_i!)$ の積の形になり，したがって，各 x_i ごとに分離しているということです．

3.3.2 多項分布の最尤推定

引き続き迷惑メールの分類問題を考えます．過去のメールが N 通，迷惑メール（$y = 1$）か普通のメール（$y = 0$）かを表すフラグとともに蓄積されているとし，異常度（式 (1.2)）を計算することで迷惑メールの判定をすると

*2 アルファベットをそのまま使い **BOW** と呼ぶこともあります

考えます．

最初のステップは y ごとに $\boldsymbol{x}$ の分布を求めることです．この目的のために，$y=0$ と 1 に対応して，$\mathrm{Mult}(\boldsymbol{x}|\boldsymbol{\theta}^0)$ と $\mathrm{Mult}(\boldsymbol{x}|\boldsymbol{\theta}^1)$ という 2 つのモデルを仮定し，未知パラメター $\boldsymbol{\theta}^0$ と $\boldsymbol{\theta}^1$ を最尤推定することを考えます[*3]．モデルパラメターの対数尤度は式 (3.2) と同様に次のように書けます．

$$L(\boldsymbol{\theta}^0, \boldsymbol{\theta}^1 \mid \mathcal{D}) = \sum_{n\in\mathcal{D}^1}\sum_{i=1}^{M} x_i^{(n)} \ln\theta_i^1 + \sum_{n\in\mathcal{D}^0}\sum_{i=1}^{M} x_i^{(n)} \ln\theta_i^0 + （定数） \tag{3.7}$$

ただし（定数）は未知パラメター $\boldsymbol{\theta}^0$ と $\boldsymbol{\theta}^1$ に関係しない定数です．問題は，$L(\boldsymbol{\theta}^0, \boldsymbol{\theta}^1 \mid \mathcal{D})$ を，制約 $\sum_{i=1}^{M}\theta_i^1 = 1$ および $\sum_{i=1}^{M}\theta_i^0 = 1$ のもとで最大化することです．

制約をラグランジュ乗数 λ^0, λ^1 で取り込むと，$\boldsymbol{\theta}^0$ の第 i 成分についての最適解の条件は次のようになります．

$$0 = \frac{\partial}{\partial\theta_i^0}\left(L - \lambda^0\sum_{j=1}^{M}\theta_j^0 - \lambda^1\sum_{j=1}^{M}\theta_j^1\right) = \frac{1}{\theta_i^0}\sum_{n\in\mathcal{D}^0} x_i^{(n)} - \lambda^0$$

$\boldsymbol{\theta}^1$ についても同様であり，ただちに次の解が得られます．

$$\hat{\theta}_i^0 = \frac{\sum_{n\in\mathcal{D}^0} x_i^{(n)}}{\sum_{j=1}^{M}\sum_{n\in\mathcal{D}^0} x_j^{(n)}} = \frac{(\mathcal{D}^0\text{における単語 } i \text{ の出現総数})}{(\mathcal{D}^0\text{における全単語の出現総数})}$$

$$\hat{\theta}_i^1 = \frac{\sum_{n\in\mathcal{D}^1} x_i^{(n)}}{\sum_{j=1}^{M}\sum_{n\in\mathcal{D}^1} x_j^{(n)}} = \frac{(\mathcal{D}^1\text{における単語 } i \text{ の出現総数})}{(\mathcal{D}^1\text{における全単語の出現総数})}$$

ただし λ^0, λ^1 は，制約 $\sum_{i=1}^{M}\theta_i^1 = 1$ および $\sum_{i=1}^{M}\theta_i^0 = 1$ から求めました．これは単に，「たくさん現れた単語ほど出現確率が高く見積もられる」というだけの話であり，直感的に納得できます．

ただし，この式だと訓練データの中に 1 度も出て来ない単語についてのパラメターは 0 になってしまい，何かと支障をきたすので，パラメターが 0 にならないように，単語の頻度について「ゲタ」をはかせておくことが一般に行

---

*3　この場合の上つき添え字は $y=1$ と 0 を区別するためです．べき乗の意味ではありませんのでご注意ください．

われます．これを**スムージング**（smoothing）と呼びます．たとえば $\gamma > 0$ を $x_i^{(n)}$ に加えたとすれば，上式の代わりに

$$\hat{\theta}_i^y = \frac{N_i^y + \gamma}{|\mathcal{D}^y| + M\gamma} \tag{3.8}$$

のような解となります．ただし N_i^y は $\mathcal{D}^y$ における単語 i の出現数 $|\mathcal{D}^y|$ は $\mathcal{D}^y$ における全単語の出現総数のことです．実用上はほとんど常にこちらの解が使われます．上式が制約 $\sum_{i=1}^{M} \theta_i^y = 1$ を満たすことは容易に確かめられます．工学的にはこの「ゲタ」の意味は明らかですが，理論的にも最大事後確率推定の観点から理解できます．その説明を 3.4 節に補足として載せておきます．

3.3.3 迷惑メールの分類

最尤推定または最大事後確率推定により多項分布のパラメターが式 (3.8) のように求まりました．最後のステップとして，ある未知のメールの単語袋詰め表現 $\boldsymbol{x}'$ が得られたとして，これを迷惑メール（$y' = 1$）か普通メール（$y' = 0$）かに分類することを考えます．

異常度の式 (1.2) において，$p(\boldsymbol{x}' \mid y, \mathcal{D})$ が今定めた多項分布に対応していますから，単に代入して整理することにより，任意のメールについての判定スコアの式が次のように得られます．

$$a(\boldsymbol{x}') = \sum_{i=1}^{M} x_i' \ln \frac{\hat{\theta}_i^1}{\hat{\theta}_i^0} \tag{3.9}$$

この判定スコアにおいて，$\alpha_i = \ln(\hat{\theta}_i^1/\hat{\theta}_i^0)$ により係数ベクトル $\boldsymbol{\alpha}$ を定義すると，$a(\boldsymbol{x}') = \boldsymbol{\alpha}^\top \boldsymbol{x}'$ のような簡潔な式になっていることがわかります．これは多項分布に基づく単純ベイズ分類が，本質的には線形分類器であることを意味しています．

これを用いた迷惑メールの判定の手順をアルゴリズム 3.1 にまとめておきました．手順は簡単化して書いていますが，判定スコアの閾値の決定のためには 1.4 節で説明した交差確認法を使うのが基本です．

アルゴリズム 3.1 単純ベイズ分類による迷惑メールの分類

あらかじめ用語集を作っておく（単語数 M）．スムージングの定数 γ を決める（最も単純には $\gamma = 1$ とする）．

- **訓練時（最尤推定）**
  - ・閾値決定用の検証データを訓練データとは別に取り分けておく．
  - ・訓練データ内の $y = 1$ の標本（個々のメール）から，単語 i の出現頻度 N_i^1 を数える（$i = 1, \ldots, M$）．
  - ・$|\mathcal{D}^1| = \sum_{i=1}^{M} N_i^1$ を計算し，式 (3.8) から $\{\hat{\theta}_i^1\}$ を求める．
  - ・$y = 0$ の標本についても同様にして $\{\hat{\theta}_i^0\}$ を求める．
  - ・各 i につき $\alpha_i = \ln(\hat{\theta}_i^1 / \hat{\theta}_i^0)$ を計算して記憶する．
- **訓練時（閾値の最適化）**
  - ・検証データ内の標本に対して異常度 $a(\boldsymbol{x}) = \boldsymbol{\alpha}^\top \boldsymbol{x}$ を計算する．
  - ・図 1.4 を描き，異常判定の閾値 a_{th} を決める．
- **運用時**
  - ・やってきたメールの単語を数え，単語袋詰め表現 $\boldsymbol{x}'$ を求める．
  - ・異常度 $a(\boldsymbol{x}') = \boldsymbol{\alpha}^\top \boldsymbol{x}'$ を計算する．
  - ・$a(\boldsymbol{x}') > a_{\mathrm{th}}$ なら迷惑メールと判定する．

3.4 最大事後確率推定と多項分布のスムージング

3.3.2 項において多項分布の最尤推定におけるスムージングという考え方を説明しました．訓練データ $\mathcal{D}$ に完全に忠実に最尤推定してしまうと支障が出るので，いわば $\mathcal{D}$ を「話半分に聞く」ことで汎用性を高めたわけです．これは生活の知恵としてはなじみがあるでしょう．親のいうことを 100 パーセント真に受けず，それに自分の考えを混ぜて行動を決める，などです．

まったく同じ考え方が統計的機械学習にもあります．モデルを定めるに当たり，$\mathcal{D}$ から忠実に決められるべきモデルに，未知パラメターに対する常識的な想定を込めた**事前分布**（prior distribution）を混ぜるのです．多項分布のモデル推定の場合，事前分布は，各語の出現確率 $\theta_1, \ldots, \theta_M$ の値に対する何かの常識を表現した確率分布になります．数学的な取り扱いの容易さから，ほとんど必ず**ディリクレ分布**（Dirichlet distribution）

$$\mathrm{Dir}(\boldsymbol{\theta} \mid \boldsymbol{\alpha}) \equiv \frac{\Gamma(\alpha_1)\Gamma(\alpha_2)\cdots\Gamma(\alpha_M)}{\Gamma(\alpha_1 + \cdots + \alpha_M)} \theta_1^{\alpha_1 - 1} \cdots \theta_M^{\alpha_M - 1} \tag{3.10}$$

が使われます．たとえば第1次元目が「愛」という単語だとします．今，事前分布として $\alpha_1 = \infty$ としたディリクレ分布を使えば，「次のメールには必ず『愛』という言葉が書いてある」という自分の信念を表現できます．一般には，何事も時と場合によるので，「どの単語も出るかもしれない」というようなより穏やかな事前知識を入れるのが妥当です．この場合は，すべての α_i が何かの定数 $\alpha > 0$ に等しいとしたディリクレ分布となります．

ここで事前分布を入れてモデルを推定するための一般的な方法の1つである**最大事後確率**（maximum a posteriori）という考え方を説明しましょう．多項分布は1つの標本（1通のメール）の分布ではなく，データ $\mathcal{D}$ のいわば集計結果を表す分布なので，$\mathrm{Mult}(\boldsymbol{x} \mid \boldsymbol{\theta})$ を改めて $p(\mathcal{D} \mid \boldsymbol{\theta})$ と書いておきます*4．また，事前分布のほうも一般的に $p(\boldsymbol{\theta})$ と書いておきます．そして「もともと $\boldsymbol{\theta}$ は $p(\boldsymbol{\theta})$ で分布すべきものだったのだが，データを観測することによって修正の必要が生じた」と考えてみます．これを数式で表現したのが**ベイズの定理**（Bayes' theorem）で，一般に

$$p(\boldsymbol{\theta} \mid \mathcal{D}) = \frac{p(\mathcal{D} \mid \boldsymbol{\theta})\, p(\boldsymbol{\theta})}{\int \mathrm{d}\boldsymbol{\theta}'\, p(\mathcal{D} \mid \boldsymbol{\theta}')\, p(\boldsymbol{\theta}')} \tag{3.11}$$

が成り立ち，$p(\boldsymbol{\theta} \mid \mathcal{D})$ を**事後分布**（posterior distribution）と呼びます．事後確率が高いということは，自分の常識（事前分布）と観測データの双方に照らして自然ということですから，$\boldsymbol{\theta}$ の最善の推定値を1つ選べといわれたら，事後分布を最大にする $\boldsymbol{\theta}$ ということになります．以上まとめます．

---

*4 $\mathcal{D}$ は標本集合を表す記号なので，これは厳密にいえば記号の濫用ですが，「集合 $\mathcal{D}$ に含まれる確率変数に対する**結合分布**（joint distribution）」という意味で機械学習の文献ではよく使われます．なお，結合分布のことをしばしば**同時分布**（simultaneous distribution）とも呼びます．

定義 3.1（最大事後確率推定）

データ $\mathcal{D}$ を与えたときのパラメーター $\boldsymbol{\theta}$ の尤度を $p(\mathcal{D} \mid \boldsymbol{\theta})$ とする．また，$\boldsymbol{\theta}$ の事前分布を $p(\boldsymbol{\theta})$ とする．このとき，最適パラメーター $\boldsymbol{\theta}^*$ を

$$\boldsymbol{\theta}^* = \arg\max_{\boldsymbol{\theta}} \ln \left[\, p(\mathcal{D} \mid \boldsymbol{\theta})\, p(\boldsymbol{\theta})\right] \tag{3.12}$$

により選ぶ方法を，最大事後確率推定もしくは MAP 推定と呼ぶ．

式 (3.12) において，式 (3.11) 右辺の分母が $\boldsymbol{\theta}$ によらないので無視してもよいこと，単調関数である対数で変換しても最大値の位置は変わらないことを使いました．

さて，多項分布とディリクレ分布を使ってスムージングによる式 (3.8) を最大事後確率推定で導いてみましょう．今の場合，未知パラメーターとしては $\boldsymbol{\theta}^0$ と $\boldsymbol{\theta}^1$ という 2 つがあります．両者は独立なパラメーターだと想定できますので，事前分布としては 2 つのディリクレ分布の積

$$p(\boldsymbol{\theta}^0, \boldsymbol{\theta}^1) = \mathrm{Dir}(\boldsymbol{\theta}^1 \mid \boldsymbol{\alpha}^1)\mathrm{Dir}(\boldsymbol{\theta}^0 \mid \boldsymbol{\alpha}^0)$$

になります．式 (3.12) の $p(\boldsymbol{\theta})$ にこれを入れると，単に，式 (3.7) における対数尤度 L を

$$L \leftarrow L + \ln \mathrm{Dir}(\boldsymbol{\theta}^1 \mid \boldsymbol{\alpha}^1) + \ln \mathrm{Dir}(\boldsymbol{\theta}^0 \mid \boldsymbol{\alpha}^0)$$

のように変更してから最尤推定と同じ計算を繰り返せばよいだけだということがわかります．この置き換えにより，式 (3.7) の代わりに

$$\sum_{i=1}^{M} \left(\alpha_i^1 - 1 + \sum_{n \in \mathcal{D}^1} x_i^{(n)} \right) \ln \theta_i^1 + \sum_{i=1}^{M} \left(\alpha_i^0 - 1 + \sum_{n \in \mathcal{D}^0} x_i^{(n)} \right) \ln \theta_i^0 + (\text{定数}) \tag{3.13}$$

が得られます．3.3.2 項同様ラグランジュ乗数を使い素朴に微分を実行することで

$$\hat{\theta}_i^y = \frac{N_i^y + \alpha_i^y - 1}{|\mathcal{D}^y| + \sum_{j=1}^{M}(\alpha_i^y - 1)} \tag{3.14}$$

という解が得られます．今，α_i^y を i と y によらず $\gamma+1$ と置けば，スムージングによる推定式 (3.8) がただちに得られます．

3.5 二値分類と異常検知の関係

本節では二値分類において一般的に使われる**ベイズ決定則**（Bayes' decision rule）という分類規則と，**ネイマン・ピアソン決定則**（定義 1.1）の関係を考えることで，通常の分類問題と異常検知問題の相違について考察します．

ベイズ決定則は以下で定義されます．

定義 3.2（ベイズ決定則）

$$\text{もし} \quad \ln \frac{p(y=1 \mid \boldsymbol{x})}{p(y=0 \mid \boldsymbol{x})} > 0 \quad \text{ならば}\ y = 1\ \text{と判定.} \tag{3.15}$$

これが，全体の誤り確率を最小にするという意味で最適な判別規則であることを示しましょう．ある任意の標本 $\boldsymbol{x}$ が与えられたときにそれを $y=0$ または $y=1$ のいずれかに分類するとし，その判定規則を

$$\tilde{a}(\boldsymbol{x}) \geq \tau \quad \text{ならば} \quad y = 1$$

のように書くことにします．誤り確率を最小にするという規準から $\tilde{a}$ と τ を決定することが問題です．

今，訓練データに基づいて，あるいは勘と経験で，$\boldsymbol{x}$ の分布 $p(\boldsymbol{x})$ と，$\boldsymbol{x}$ を与えたときの条件つき確率 $p(y \mid \boldsymbol{x})$ が求められたとします．このとき，これらの分布のもとでの分類の誤り確率は次のように書けます．

$$(\text{誤り確率}) = \int \mathrm{d}\boldsymbol{x}\, I[\tilde{a}(\boldsymbol{x}) \geq \tau]\, p(y=0 \mid \boldsymbol{x})\, p(\boldsymbol{x}) + \int \mathrm{d}\boldsymbol{x}\, \{1 - I[\tilde{a}(\boldsymbol{x}) \geq \tau]\}\, p(y=1 \mid \boldsymbol{x})\, p(\boldsymbol{x}) \tag{3.16}$$

ここで $I[\cdot]$ は 1.4 節で導入した指示関数です．式 (3.16) 第 2 項において，$p(y=1|\boldsymbol{x})p(\boldsymbol{x})$ を $\boldsymbol{x}$ について積分したものは $y=1$ となる確率 $p(y=1)$ ですので，次のような変形ができます．

$$(\text{誤り確率}) = p(y=1) + \int \mathrm{d}\boldsymbol{x}\, I[\tilde{a}(\boldsymbol{x}) \geq \tau]\, p(y=0 \mid \boldsymbol{x})\, p(\boldsymbol{x}) \left\{1 - \frac{p(y=1 \mid \boldsymbol{x})}{p(y=0 \mid \boldsymbol{x})}\right\} \tag{3.17}$$

これを最小にするように $\tilde{a}$ の関数形を選ぶのが問題です．そのためには，$\{\cdot\}$ の中身で負の領域をすべて拾えるように $\tilde{a}$ を決めればよいので

$$\tilde{a}(\boldsymbol{x}) = \ln \frac{p(y=1 \mid \boldsymbol{x})}{p(y=0 \mid \boldsymbol{x})}, \quad \tau = 0 \tag{3.18}$$

が解として求められます[*5]．すなわち，誤り確率を最小にするという意味で最適な判別規則とは，「$p(y=1 \mid \boldsymbol{x})$ と $p(y=0 \mid \boldsymbol{x})$ を計算してみて，大きい方を選ぶ」というものです．これが定義 3.2 で与えたベイズ決定則です．

ベイズ決定則と，ネイマン・ピアソン決定則はよく似た形をしていますが，微妙に違います．ベイズの定理 $p(\boldsymbol{x}|y)p(y) \propto p(y|\boldsymbol{x})$ に注意してまとめると次の通りです．

- ネイマン・ピアソン決定則では，$p(\boldsymbol{x}|y=1)$ と $p(\boldsymbol{x}|y=0)$ の比がある閾値を超えたら異常と判定．
- ベイズ決定則では，$p(\boldsymbol{x}|y=1)p(y=1)$ と $p(\boldsymbol{x}|y=0)p(y=0)$ の比が 1 を超えたら異常と判定．

異常検知問題の場合，ほとんど常に $p(y=1) \ll p(y=0)$ ですから，ベイズ判定則は異常判定を強く抑制する傾向にあることがわかります．既存の二値分類器の実装を深く考えずに異常検知問題に適用すると異常標本精度が非常

*5 自然対数をつけたのは式 (1.2) と形を合わせるためです．

に低くなることがしばしば観察されますが，その理由の 1 つがこれです．

この問題を避けるのは簡単で，ベイズ決定則 (3.18) における固定した閾値を，実験的に決める調整パラメターと考えれば済みます．このようにすればベイズ決定則はネイマン・ピアソン決定則と実質的な違いはありません．1.4 節で詳しく論じた異常標本精度と正常標本精度の相反性に照らせば，ベイズ決定則よりも 1.3 節で与えた異常度の定義（ネイマン・ピアソン決定則）を使うのが合理的です．出来合いのライブラリにて実装された二値分類器を使って異常検知問題を解く場合，上記の相違をよく理解した上で，適切に出力をカスタマイズすることが必要になります．

Chapter 4

近傍法による異常検知

第２章で説明したホテリングの T^2 法が実用上有効なのは，観測値がほぼ一定値の周りに集中しているような状況に限られます．本章では，そのような制約がなく，しかも簡単明瞭な近傍法という手法を解説します．近傍法の適用においては距離をどう決めるかが本質的です．距離のリーマン計量を最適化することで素朴な近傍法を改良する計量学習という方法を導入し，実用上有効な手段の１つであるマージン最大化近傍法について紹介します．

4.1　k 近傍法: 経験分布に基づく異常判定

前章までに正規分布と多項分布を用いた異常検知手法を紹介しました．本節では**経験分布**（empirical distribution）と呼ばれる特別な分布を使った異常検知の手法を考えます．以下，異常判定ラベルが与えられてない場合と与えられている場合との双方に分けて考えます．

4.1.1　ラベルなしデータに対する k 近傍法

訓練データとして M 次元データ N 個からなる $\mathcal{D} = \{\boldsymbol{x}^{(1)}, \ldots, \boldsymbol{x}^{(N)}\}$ が与えられており，新たに観測した $\boldsymbol{x}'$ の異常を判定したいとしましょう．$\mathcal{D}$ には異常標本が含まれないか，含まれていていたとしても圧倒的少数だと信じられるとします．

このデータの経験分布は次式で定義されます．

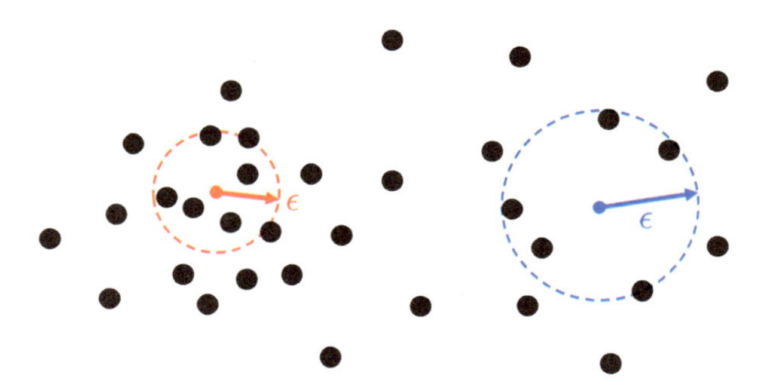

図 4.1　近傍数 k を決め，近傍を囲む球の半径 ϵ を考える．疎な領域にある標本のほうが半径が大きくなる．極端に ϵ が大きい標本は異常が疑われる．$k=5$ の例．

$$p_{\mathrm{emp}}(\boldsymbol{x} \mid \mathcal{D}) = \frac{1}{N}\sum_{n=1}^{N}\delta(\boldsymbol{x}-\boldsymbol{x}^{(n)}) \tag{4.1}$$

$\delta(\cdot)$ はディラックのデルタ関数です．経験分布という意味深長な用語は，式 (2.20) で示したデルタ関数の性質からわかる通り，$\mathcal{D}$ の中で「経験」された値のところでのみ値を持ち，その他の点では 0 になるという事実に由来します．経験分布が規格化条件を満たすことは容易に確認できます．

標本位置以外では確率密度が 0 というのはあまりにも融通がきかないので，任意の位置 $\boldsymbol{x}'$ での確率密度 $p(\boldsymbol{x}')$ を経験分布から求めることを考えます．図 4.1 のように $\boldsymbol{x}'$ を中心とした十分小さい半径 ϵ（イプシロン）の球を考え，この中で確率密度が一定だとみなしましょう．確率密度関数の定義から，

$$p(\boldsymbol{x}') \times |V_M(\epsilon, \boldsymbol{x}')| \approx \int_{\boldsymbol{x}\in V_M(\epsilon,\boldsymbol{x}')} \mathrm{d}\boldsymbol{x}\, p_{\mathrm{emp}}(\boldsymbol{x} \mid \mathcal{D})$$

が成り立ちます．この式は，(確率密度) × (体積) ≈ (確率) を意味します．ただし，$\boldsymbol{x}'$ を中心とした半径 ϵ の M 次元球内部の領域を $V_M(\epsilon, \boldsymbol{x}')$，その体積を $|V_M(\epsilon, \boldsymbol{x}')|$ と表しています．デルタ関数の性質を使って右辺の積分を実行すると，

$$p(\boldsymbol{x}') \approx \frac{k}{N\,|V_M(\epsilon, \boldsymbol{x}')|} \tag{4.2}$$

となります．k は領域 $V_M(\epsilon, \boldsymbol{x}')$ に含まれる $\mathcal{D}$ の要素の数です．

M 次元空間における球の体積 $V_M(\epsilon, \boldsymbol{x}')$ は，半径 ϵ の M 乗に比例します

から，異常度の定義式 (1.4) から

$$a(\boldsymbol{x}') = -\ln p(\boldsymbol{x}') = -\ln k + M \ln \epsilon + (\text{定数}) \tag{4.3}$$

となります．この式から，ϵ を固定すれば k が小さい方が高い異常度を与え，k を固定すれば ϵ が大きいほうが高い異常度を与えることがわかります．たとえば後者において $k = 1$ とすると，「最近傍標本までの距離が基準値より大きいものは異常と判定する」という簡潔明瞭な規準が得られます．

近傍標本数 k を定数として与えて異常判定（または一般に分類）を行うやり方を k **近傍法**（k-nearest neighbors algorithm）もしくは k **最近傍法**と呼びます．逆に，近傍半径 ϵ を定数として与えるやり方を ϵ **近傍法**（ϵ-nearest neighbors algorithm）と呼びます．

図 4.1 から示唆されるように，k 近傍法は分布が**多峰的**（multimodal）であるとき，すなわち，分布がいくつかの塊からなるときにも適用可能です．これがホテリングの T^2 法と比べた場合の利点となります．しかし一般には，個々の塊の粗密や広がりにはかなり違いがあること，変数の次元が高い場合には個々の変数の寄与がかき消されがちであることなどから，直感に反する結果となることもあります．ホテリングの T^2 法同様に特徴量の吟味を事前に行う，次節で説明するような距離尺度の最適化を行う，あるいは，次章で考えるように，明示的に混合モデルを学習する，などの工夫が実問題を解く上では必要になるでしょう．

4.1.2 ラベルつきデータに対する k 近傍法

本項では M 次元空間で異常標本と正常標本の双方が明示的に与えられている場合を考えます．この場合，1.3.1 項で説明した通り，ラベル y が 1（異常）か 0（正常）かに応じた条件つき分布を求める必要があります．k 近傍法ではそれは非常に簡単です．

今，ある $\boldsymbol{x}'$ に対する異常度を計算したいとします．あらかじめ与えた近傍数 k（たとえば 10）の数だけ近傍標本を選び，ラベルを確認します．異常ラベルのついた近傍標本の数を $N^1(\boldsymbol{x}')$ とし，正常ラベルのついた近傍標本の数を $N^0(\boldsymbol{x}')$ とすれば明らかに

$$p(y = 1 \mid \boldsymbol{x}', \mathcal{D}) = \frac{N^1(\boldsymbol{x}')}{k}$$

$$p(y=0, \mid \boldsymbol{x}', \mathcal{D}) = \frac{N^0(\boldsymbol{x}')}{k}$$

が成り立ちます．これにベイズの定理を適用して $\boldsymbol{x}'$ と y の立場を入れ替えると，異常度を

$$a(\boldsymbol{x}') = \ln \frac{p(\boldsymbol{x}' \mid y=1, \mathcal{D})}{p(\boldsymbol{x}' \mid y=0, \mathcal{D})} = \ln \frac{\pi^0 N^1(\boldsymbol{x}')}{\pi^1 N^0(\boldsymbol{x}')} \tag{4.4}$$

のように定義できます．ただし π_1 は全標本に対する異常標本の割合，π_0 は全標本に対する正常標本の割合です．

これを用いて異常検知を行う際，近傍数 k と異常判定の閾値 a_{th} という少なくとも 2 つのパラメターを決める必要があります．k 近傍法の場合，これは 1 つ抜き交差確認法（1.4 節）を使って行うのが普通です．k と a_{th} にいくつかの候補を挙げておき，それぞれの組に対して何らかの評価値を計算し，パラメターの組の優劣を判断します．a_{th} については 0 を中心にした値をいくつか挙げればよいでしょう．なぜなら，$p(y=1 \mid \boldsymbol{x}', \mathcal{D})/p(y=0 \mid \boldsymbol{x}', \mathcal{D})$ は，もし異常標本と正常標本の双方が全空間に一様に分布しているのならば場所によらず π_1/π_0 となるはずで，このとき異常度 $a(\boldsymbol{x}')$ が 0 になるからです．

実用上の便宜のため，F 値に基づく 1 つ抜き交差確認法による異常判定モデルの作成手順をアルゴリズム 4.1 にまとめておきます．

アルゴリズム 4.1 にも書いた通り，近傍法を適用するためには何らかの距離尺度を決める必要があります．実用上は，まずは素朴にユークリッド距離で精度を評価し，性能が十分かどうかを確かめます．十分でない場合は，距離（または異常度）の計算のやり方を，データの分布に応じて最適に決める必要があります．そのための方法として，**局所外れ値度**（local outlier factor, LOF）という手法が実問題に広く適用され，比較的安定した効果を発揮しています（詳細は姉妹書 [9] 参照）．次節では，局所外れ値度同様に汎用性が高く，なおかつ理論上の首尾一貫性に優れる計量学習という方法を紹介しましょう．

アルゴリズム 4.1　近傍法による異常検知

- **訓練時**．探索する k と a_{th} の候補を挙げておく．距離の定義を決める．それぞれの (k, a_{th}) について以下を行い，最大の F 値を与えるパラメター (k^*, a^*_{th}) を選択する．
  1. $\mathcal{D}$ の中から標本 $\boldsymbol{x}^{(n)}$ を選ぶ（$n = 1, \ldots, N$）．
  2. 残りの $N-1$ 個の標本の中から，$\boldsymbol{x}^{(n)}$ に最も近い標本を k 個選ぶ．
  3. 式 (4.4) に基づいて，$a(\boldsymbol{x}^{(n)}) > a_{\mathrm{th}}$ なら $\boldsymbol{x}^{(n)}$ を異常と判定する．
  4. N 個の標本すべてに判定結果が出揃ったら，正常標本精度と異常標本精度を計算し，F 値を求める．それを (k, a_{th}) の評価値とする．
- **運用時**．
  1. 新たな観測値 $\boldsymbol{x}'$ に対して，最近傍 k^* 個を $\mathcal{D}$ から選ぶ．
  2. $a(\boldsymbol{x}') > a^*_{\mathrm{th}}$ なら $\boldsymbol{x}'$ を異常と判定する．

4.2　マージン最大化近傍法

本節では，分布の様相に応じて距離尺度をうまく調整することで近傍法の精度を上げることを狙った「計量学習」という手法を説明します．本節では特に，**マージン最大化近傍法**（large-margin nearest neighbors）という計量学習の手法に絞って解説します．マージン最大化近傍法は，多くの分類問題において安定した性能を発揮することが知られており，本書執筆時点において，最も汎用性の高い計量学習の手法の 1 つといえます．

4.2.1 計量学習とは

4.1.2 項で考えたように，異常か正常かのラベルつきのデータ $\mathcal{D} = \{(\boldsymbol{x}^{(n)}, y^{(n)}) \mid n = 1, \ldots, N\}$ があるとします[*1]．アルゴリズム 4.1 の枠組みにおいて，ユークリッド距離の代わりに，ある $M \times M$ の**半正定値行列**（positive semi-definite matrix）A を使って，2 つの標本間の距離の 2 乗を

$$d_{\mathsf{A}}^2(\boldsymbol{x}', \boldsymbol{x}'') = (\boldsymbol{x}' - \boldsymbol{x}'')^\top \mathsf{A} (\boldsymbol{x}' - \boldsymbol{x}'') \tag{4.5}$$

のように置いてみます．行列 A を，データの分布を反映するようにうまく決めることができれば，素朴な近傍法に比べて性能の向上が期待できます．行列 A をデータから学習する手法を一般に**計量学習**（metric learning）と呼びます．リーマン幾何学では行列 A に対応するものを一般的に**計量テンソル**（metric tensor）または**リーマン計量**（Riemannian metric）と呼びます[*2]．上式 (4.5) はマハラノビス距離 (2.9) と同じ形をしていますが，ここでは，マハラノビス距離をそのまま異常度に使うのではなくて，k 近傍法を 1 枚かませて使うところが違いです．

A が M 次元単位行列 I_M であれば $d_{\mathsf{A}}^2(\boldsymbol{x}', \boldsymbol{x}'')$ は普通のユークリッド距離の 2 乗 $\|\boldsymbol{x}' - \boldsymbol{x}''\|^2$ と同じです．異常・正常のラベルつき標本があるときに，行列 A を最適に決めるという問題は，空間の伸縮と回転を適当に組み合わせて，あるいは同じことですが，標本の配置をうまい具合に調整して，異常標本と正常標本がよい感じに分かれているようにするということです．考えるべき条件は本質的には 2 つしかありません．1 つは，同一ラベルに属する標本をなるべく密集させることです．もう 1 つは異なるラベルに属する標本をできる限り引き離すことです．

4.2.2 マージン最大化近傍法の目的関数

この 2 つの条件を最も素直に実装したのがマージン最大化近傍法という計量学習の手法です．この手法の本質的な考え方を**図 4.2** に図示しました．まず，近傍数 k をパラメターとして与え，$\mathsf{A} = \mathsf{I}_M$ としたときの距離の定義を用いて，$\mathcal{D}$ に属する任意の標本 $\boldsymbol{x}^{(n)}$ の，同一ラベルに属する k 個の最近傍

---

*1 異常・正常の 2 通りではなく，たとえば，正常 A，正常 B，異常，のような 3 通りの区別があるデータについても本節の内容は拡張できますが，説明の簡単化のためとりあえず 2 通りとします

*2 計量というのは英語の metric の訳です．metric にはメートル法という別の意味もあるので，英語だといかにも距離に関係しそうな語感になります．

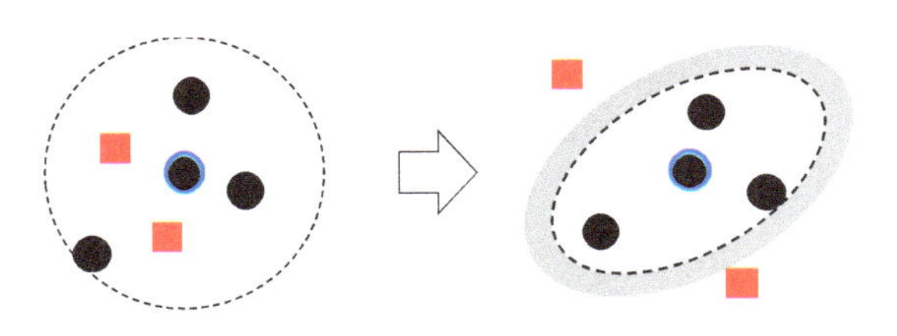

図 4.2　マージン最大化近傍法の考え方．●同士，■同士は同一ラベル．着目している●の標本 $\boldsymbol{x}^{(n)}$ から見て，周りの●を楕円の内側に保持したまま，異なるラベルの■を楕円の外側に追い出す．万全を期すため，同一ラベルの近傍の外側に立ち入り禁止地帯（「マージン」）を作っておく．

標本を求めておきます．それを $\mathcal{N}^{(n)}$ と表し，**標的近傍**（target neighbor）と呼びます．図では中心に $\boldsymbol{x}^{(n)}$ が置かれ，$k=3$ の状況が描かれています．

$\boldsymbol{x}^{(n)}$ の近傍において，同一ラベルの標本をなるべく密集させるという条件は，量

$$\psi_1^{(n)}(\mathsf{A}) \equiv \sum_{i \in \mathcal{N}^{(n)}} d_{\mathsf{A}}^2(\boldsymbol{x}^{(n)}, \boldsymbol{x}^{(i)}) \tag{4.6}$$

をなるべく小さくする，と表現できます．一方，$\boldsymbol{x}^{(n)}$ の近傍において異なるラベルの標本がよく分離しているという条件を図 4.2 を見ながら考えると

$$(\boldsymbol{x}^{(n)}\text{から■までの 2 乗距離}) > (\boldsymbol{x}^{(n)}\text{から●までの 2 乗距離}) + c^2 \tag{4.7}$$

のようなものを思いつきます．c は図の灰色の帯の幅に対応しており，これを**マージン**（margin）と呼びます．2 乗距離が A に比例することから，c は A のスケール因子に吸収させることが可能で，一般性を失わずに $c=1$ とできます．この条件 (4.7) を全標本について満たすことは難しいかもしれませんが，少なくとも「条件が破られている度合い」を表す量

$$\psi_2^{(n)}(\mathsf{A}) \equiv \sum_{j \in \mathcal{N}^{(n)}} \sum_{l=1}^{N} I[y^{(l)} \neq y^{(n)}] \left[1 + d_{\mathsf{A}}^2(\boldsymbol{x}^{(n)}, \boldsymbol{x}^{(j)}) - d_{\mathsf{A}}^2(\boldsymbol{x}^{(n)}, \boldsymbol{x}^{(l)})\right]_+ \tag{4.8}$$

を最小化することはできます．ここで，$I[\cdot]$ は，カッコ内の式が成り立つときに 1，そうでない場合は 0 となる指示関数です．また，$[\cdot]_+$ は

$$[h]_+ = \begin{cases} h, & h \geq 0 \\ 0, & h < 0 \end{cases} \tag{4.9}$$

で定義される関数です．

以上まとめると，リーマン計量 A を求めるための最適化問題を次のように書くことができます．

$$\Psi(\mathsf{A}) \equiv \frac{1}{N}\sum_{n=1}^{N}\left[(1-\mu)\,\psi_1^{(n)}(\mathsf{A}) + \mu\,\psi_2^{(n)}(\mathsf{A})\right] \ \rightarrow\ \text{最小化}$$
$$\text{subject to}\ \ \mathsf{A} \succeq 0 \tag{4.10}$$

ここで subject to というのは，○○の条件のもとで，という数学用語です．また，条件 $\mathsf{A} \succeq 0$ は A が半正定値行列ということを意味します．これは 2 乗距離が負にならないという当然の条件に過ぎません．また，μ は $\psi_1^{(n)}$ と $\psi_2^{(n)}$ の相対的な重みを決める定数です．実用上は，多くの場合 $\mu = 0.5$ と置いて特に問題はないとされているので [31]，左辺において μ への依存性を明示的に書くのは省略しています．

4.2.3 勾配法による最適化

マージン最大化近傍法の最適化問題 (4.10) は数学的には**半正定値計画** (semi-definite programming) という種類のやや高度な最適化問題となりますが，勾配法と固有値計算を組み合わせて解くことができます．

今，リーマン計量 A の推定値が得られているとし，それを勾配法で更新することを考えます．式 (4.10) の $\Psi(\mathsf{A})$ を最小化するための一般式な更新式は

$$\mathsf{A} \leftarrow \mathsf{A} - \eta\frac{\partial\Psi(\mathsf{A})}{\partial\mathsf{A}} \tag{4.11}$$

です．η は勾配法のステップ幅です．式 (4.8) における $[\cdot]_+$ は，普通の微分は定義できないような角(かど)を持つ関数ですので，微分可能な目的関数に対する勾配法との違いを強調して，**劣勾配法** (subgradient method) と呼ぶのがより正確です．この場合の処方箋は簡単で，和の範囲を工夫して $[\cdot]_+$ の中に正

の項しか入らないようにしておけば，$[\cdot]_+$ は外せますのであとは普通の勾配法と同様です．

2 乗距離が A について線形であることから，勾配は容易に計算できます．今 N 次元空間における i 方向の単位ベクトルを $\boldsymbol{e}_i$ と書きます．$\boldsymbol{e}_i$ は，第 i 成分のみが 1 でほかが 0 であるような N 次元ベクトルです．これを使って

$$\mathsf{C}^{(i,j)} \equiv (\boldsymbol{e}_i - \boldsymbol{e}_j)(\boldsymbol{e}_i - \boldsymbol{e}_j)^\top$$

という行列を定義します．2.1 節で説明した行列のトレースの性質と行列の微分公式 (2.5) から容易に

$$\frac{\partial \Psi(\mathsf{A})}{\partial \mathsf{A}} = \frac{1}{N}\mathsf{XCX}^\top \tag{4.12}$$

$$\mathsf{C} \equiv \sum_{n=1}^{N} \sum_{j \in \mathcal{N}^{(n)}} \left\{ (1-\mu)\mathsf{C}^{(n,j)} + \mu \sum_{l \in \mathcal{N}_{n,j}} (\mathsf{C}^{(n,j)} - \mathsf{C}^{(n,l)}) \right\} \tag{4.13}$$

という式が導かれます．ただし X はデータ行列で，$\mathsf{X} \equiv [\boldsymbol{x}^{(1)}, \ldots, \boldsymbol{x}^{(N)}]$ のように定義されます．また，集合 $\mathcal{N}_{n,j}$ は，$\boldsymbol{x}^{(n)}$ および $\boldsymbol{x}^{(j)}$ と異なるラベルを持ち，なおかつ，$1 + d_\mathsf{A}^2(\boldsymbol{x}^{(n)}, \boldsymbol{x}^{(j)}) - d_\mathsf{A}^2(\boldsymbol{x}^{(n)}, \boldsymbol{x}^{(l)}) > 0$ となる標本の添え字 l の集合です．標的標本の集合 $\mathcal{N}^{(n)}$ は A の更新により変わることはありませんが，$\mathcal{N}_{n,j}$ のほうは A の更新のつど変化することに注意します．

式 (4.11) および式 (4.12) により行列 A が更新されたら，固有値分解 $\mathsf{A} = \mathsf{U\Gamma U}^\top$ を行い

$$\mathsf{A} \leftarrow \mathsf{U}\,[\mathsf{\Gamma}]_+\mathsf{U}^\top \tag{4.14}$$

のようにさらに A を更新します．$[\mathsf{\Gamma}]_+$ は負の固有値を 0 で置き換えることを意味します．

以上の計算手順をアルゴリズム 4.2 にまとめます．最初に決めるべき 3 つのパラメターについてですが，まず，k については，$\mathsf{A} = \mathsf{I}_M$ のもと，アルゴリズム 4.1 の手順で当たりをつけることができます．μ については，先に述べた通り $\mu = 0.5$ として，それで問題があるようなら別の値を試す，という方針でいいでしょう．η_0 については，たとえば 0.1 といった値から出発し，最小化すべき目的関数 $\Psi(\mathsf{A})$ の値が減少したら値を半分に減らして慎重を期し，逆に $\Psi(\mathsf{A})$ の値が増えてしまったら 1.01 倍に増やす，などの工夫が通常

用いられます．標本数の不均衡の是正は，**ブートストラップ法**（bootstrapping）により少数クラスの見かけ上の標本数を増やすか，多数クラスの標本を間引くかすることで行うのが一般的です．

アルゴリズム 4.2 最大マージン近傍法におけるリーマン計量の学習

- **初期化**．近傍数 k，係数 μ，ステップ幅の初期値 η_0 を与える．$\mathsf{A} = \mathsf{I}_M$ と置く．各クラスの標本数の不均衡がある場合は前処理で是正しておく．
- **反復**．次の更新式を実行する．実行のたびに収束を判定し，収束してない場合，ステップ幅 η を更新して繰り返す．

$$\mathsf{A} \leftarrow \mathsf{A} - \eta \frac{\partial \Psi(\mathsf{A})}{\partial \mathsf{A}}$$
$$\mathsf{A} = \mathsf{U}\Gamma\mathsf{U}^\top$$
$$\mathsf{A} \leftarrow \mathsf{U}[\Gamma]_+\mathsf{U}^\top$$

- 収束した行列 A^* を出力する．

4.2.4 確率モデルとの関係

以上では図 4.2 の直感的なイメージをもとに説明を行いましたが，数学的には，式 (4.6) の値を一定に保つという制約のもと，式 (4.8) を最小化する問題であるとも解釈できます．これはマージンの制約を破るものを減らすことで，間接的に，異なるラベルを持つ標本の間の平均的なマージンを最大化しているとも解釈できます．これが「マージン最大化近傍法」という名前の由来です．

あるいはまた，マージン最大化近傍法を確率モデルの観点から解釈することも可能です．任意の標本 $\boldsymbol{x}^{(n)}$ の近傍に，正規分布に似た次のような確率分布を考えます．

$$p(\boldsymbol{x} \mid \boldsymbol{x}^{(n)}, y^{(n)}) = \frac{1}{Z_n(\mathsf{A}, \sigma)} \exp\left\{-\frac{1}{2\sigma^2} d_{\mathsf{A}}^2(\boldsymbol{x}, \boldsymbol{x}^{(n)})\right\} \tag{4.15}$$

ただし σ は分布の広がりを決めるパラメター，$Z_n(\mathsf{A}, \sigma)$ は確率分布の規格化定数です．普通の正規分布と異なり，この分布の定義域は $\boldsymbol{x}^{(n)}$ の近傍ですので，$Z_n(\mathsf{A})$ は正規分布の規格化因子とは一般には一致しないことに注意します．データ $\mathcal{D}$ に基づく分布 (4.15) の尤度は，$\boldsymbol{x}^{(n)}$ に対する（同一ラベルの）近傍標本を使って

$$\prod_{i \in \mathcal{N}^{(n)}} \frac{1}{Z_n(\mathsf{A}, \sigma)} \exp\left\{-\frac{1}{2\sigma^2} d_{\mathsf{A}}^2(\boldsymbol{x}^{(i)}, \boldsymbol{x}^{(n)})\right\}$$

のように書けます．したがって全体の対数尤度 $L(\mathsf{A} \mid \mathcal{D})$ は，n の和を実行することで次のようになります．

$$L(\mathsf{A} \mid \mathcal{D}) = -\frac{1}{2\sigma^2} \sum_{n=1}^{N} \sum_{i \in \mathcal{N}^{(n)}} d_{\mathsf{A}}^2(\boldsymbol{x}^{(i)}, \boldsymbol{x}^{(n)}) - kN \ln Z_n(\mathsf{A}, \sigma) \tag{4.16}$$

第 1 項の符号を変えたものは，式 (4.6)（の和）と本質的に同じです．第 2 項はある種の正規化項になっていますが，$Z_n(\mathsf{A}, \sigma)$ を解析的に求めるのは簡単ではないため，その代わりに式 (4.8) のマージン制約を取り込んだ，というのが最大マージン近傍法のもうひとつの解釈となります．

Chapter 5

混合分布モデルによる逐次更新型異常検知

たとえば空調設備など，複数の動作モードからなる系は実用上大変多くあります．本章ではその場合の自然な定式化方法である混合正規分布による異常検知の手法を解説します．混合分布モデルにはモデルのパラメターの最尤解が解析的に求まらないという問題がありますが，EM 法という技術を使ってパラメター推定のための反復公式を求めることができます．それに加えて，時々刻々変わる系に対応するため，時間に依存する重みを持つ重みつき最尤推定の方法を解説します．本章で解説する混合正規分布による逐次更新型異常検知は，実用上最も広く使われている異常検知手法のひとつです．

5.1 混合分布モデルとその逐次更新: 問題設定

実データの解析においては，系がいくつかの異なる動作モードを持つ場合がよくあります．たとえば，人間の単位時間当たりの発汗量と消費カロリーを測定したとすると，図 5.1 のように，机に向かっているとき，歩いているとき，走っているときで異なる傾向に分かれるはずです．

混合モデル（mixture model）とはこのような直感を素直に確率分布として表現したもので，典型的には次のような形をとります．

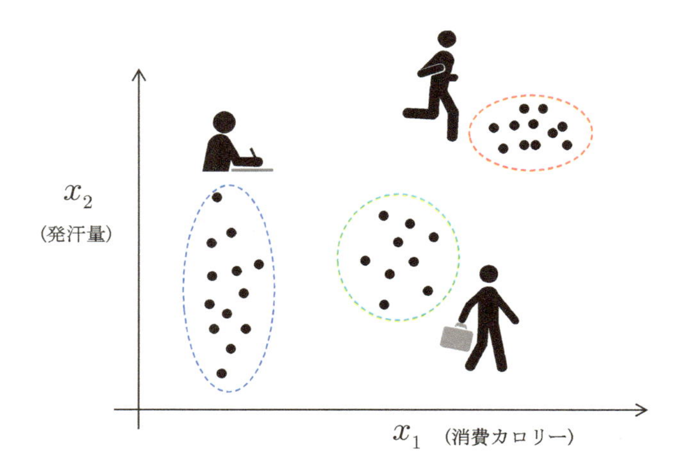

図 5.1 異なる稼働モードを持つ系の例.

$$p(\boldsymbol{x} \mid \Theta) = \sum_{k=1}^{K} \pi_k \, p_k(\boldsymbol{x}|\boldsymbol{\theta}_k), \quad \pi_1 + \cdots + \pi_K = 1 \tag{5.1}$$

ただし $p_k(\boldsymbol{x}|\boldsymbol{\theta}_k)$ は $\boldsymbol{x}$ について規格化された確率分布です．$\{\pi_i\}$ の和が 1 になるという条件があるので，全体を $\boldsymbol{x}$ で積分すると規格化条件を満たすことが確かめられます．$\boldsymbol{\theta}_k$ は第 k 番目の分布に含まれるパラメター，Θ は右辺に現れる未知パラメターの集まりを表す記号で，明示的に書くと $\Theta = \{\pi_1, \ldots, \pi_K, \boldsymbol{\theta}_1, \ldots, \boldsymbol{\theta}_K\}$ です．和の中の第 k 項を第 k **要素**（component）と呼びます．第 k **コンポーネント**や第 k **クラスター**（cluster）と呼ぶこともあります[*1]．また，π_k を第 k クラスターの**混合重み**（mixture weight）と呼びます．

データ $\mathcal{D}$ が $\{\boldsymbol{x}^{(1)}, \boldsymbol{x}^{(2)}, \ldots, \boldsymbol{x}^{(N)}\}$ のように与えられれば，混合分布のパラメター Θ は最尤推定で原理的には求められます．Θ について対数尤度を書き下してみると次のようになります．

$$L(\Theta \mid \mathcal{D}) = \sum_{n=1}^{N} \ln \sum_{k=1}^{K} \pi_k \, p_k(\boldsymbol{x}^{(n)} \mid \boldsymbol{\theta}_k) \tag{5.2}$$

*1 要素という用語は行列要素やベクトルの次元と混同しやすいので，以降では主にクラスターという言葉を使います．

理屈の上では，この対数尤度を最大化するパラメターの値を求めればよいのですが，対数の中に総和が入っているために，各パラメターによる微分を 0 と置いても簡単な式にはならず，解析的に最適解を求めることはできません．この状況は単一クラスターしかない式 (2.2) での計算と対照的です．そのため，一般に混合分布のパラメター推定のためには特別の計算技術が必要です．それが後で述べる EM 法と呼ばれる手法です．

混合分布モデル（式 (5.1)）において確率分布 $p_l(\boldsymbol{x}|\boldsymbol{\theta}_k)$ として正規分布 $\mathcal{N}(\boldsymbol{x} \mid \boldsymbol{\mu}_k, \Sigma_k)$ を選んだものを**混合正規分布**（normal mixture model）と呼びます．この場合 $\boldsymbol{\theta}_k = \{\boldsymbol{\mu}_k, \Sigma_k\}$ となります．

対数尤度が式 (5.2) のように N 個の標本の寄与の和になっていたのは，N 個の標本が統計的に独立である（したがってある意味で平等である）という仮定の直接の帰結でした．しかし実用上，「直近の観測値は重視するが古い観測値は徐々に忘れたい」というような状況はよくあります．これは観測された標本に異なる重みを考えることで実現できます．これを行う最も自然な方法は，混合正規分布の対数尤度の式において

$$L(\Theta \mid \mathcal{D}^{(t)}) = \sum_{n=1}^{t} w_t^{(n)} \ln \sum_{k=1}^{K} \pi_k \, \mathcal{N}(\boldsymbol{x}^{(n)} \mid \boldsymbol{\mu}_k, \Sigma_k) \tag{5.3}$$

のように標本番号 n ごとに異なる重み $w_t^{(n)}$ を導入することです．ここで，時刻 t までに観測された標本集合を $\mathcal{D}^{(t)} = \{\boldsymbol{x}^{(1)}, \ldots, \boldsymbol{x}^{(t)}\}$ と書きました．和が N ではなくて t までとなっていることに注意してください．モデルの推定は，時刻 t の時点までに得られたデータに基づいて行うことになります．一般に，観測値を得るたびに重みを振り直すので，重みは現在の時刻 t にも依存することに注意します．

やや形式的にいうと，ここで解きたい問題は定義 5.1 のようにまとめられます．

定義 5.1（混合正規分布の逐次更新型学習）

時刻 $t-1$ において，モデルのパラメター

$$\Theta = \{\pi_1, \ldots, \pi_K, \boldsymbol{\mu}_1, \ldots, \boldsymbol{\mu}_K, \Sigma_1, \ldots, \Sigma_K\}$$

の推定値が（何かの数値として）得られていると仮定する．時刻 t において観測した標本 $\boldsymbol{x}^{(t)}$ だけを使い（それ以前のデータを参照することなしに），$L(\Theta \mid \mathcal{D}^{(t)})$ を最大化するように，パラメター Θ を更新する．

一般に手元にある訓練標本全部を使ってモデルを学習する方法を**一括型学習**（batch learning）（または**バッチ学習**）と呼びます．これに対して，標本を観測するたびにモデルを修正してゆくタイプの学習方法を**逐次更新型学習**（online learning）（または**オンライン学習**）と呼びます．

5.2 イエンセンの不等式による和と対数関数の順序交換

式 (5.3) で与えた重みつき対数尤度を最大化することでパラメターを求める際，問題は，「対数の中に和がある」という点でした．この困難に対処するための非常に都合のよい関係式として**イエンセンの不等式**（Jensen's inequality）というものがあります．

定理 5.1（イエンセンの不等式）

$c_1 + \cdots + c_K = 1$ を満たす非負の係数 $\{c_i\}$ に対して，次式が成り立つ．

$$\ln\left(\sum_{k=1}^{K} c_k X_k\right) \geq \sum_{k=1}^{K} c_k \ln(X_k) \tag{5.4}$$

等号が成り立つのは $X_1 = \cdots = X_K$ のときに限られる．連続変数の場合，任意の確率分布 $q(\boldsymbol{x})$ と可積分な関数 $g(\boldsymbol{x})$ に対して，次式が成り立つ．

$$\ln \int \mathrm{d}\boldsymbol{x}\; q(\boldsymbol{x}) g(\boldsymbol{x}) \geq \int \mathrm{d}\boldsymbol{x}\; q(\boldsymbol{x}) \ln g(\boldsymbol{x}) \tag{5.5}$$

イエンセンの不等式は，対数関数ばかりでなく，一般に上に凸な関数について成り立ちます．その成立は**図 5.2** の説明からほとんど自明でしょう．

イエンセンの不等式の左辺と右辺で，和と対数の順番が変わっていることに注意してください．これは下限を与える式なのですが，下限を持ち上げれば必然的にもとの関数も大きくなりますから，イエンセンの不等式で対数尤度の下限を求め，その下限を最大化することで本体を最大化する，というのが EM 法の作戦です．

早速，イエンセンの不等式を使って式 (5.3) の下限を求めてみましょう．式の形から π_l を係数 c_l とみなしたくなりますが，これはうまくいきません．なぜなら，容易に確かめられる通り，こうしてしまうと K 個のクラスターがまったく同じ解を与えるからです．クラスターごとに個性を持たせたければ，近似の精度を上げざるを得ません．そのため，次のように，各 n について $q_1^{(n)} + \cdots + q_K^{(n)} = 1$ となるような係数をやや恣意的に作り出してみます．

$$L(\Theta \mid \mathcal{D}^{(t)}) = \sum_{n=1}^{t} w_t^{(n)} \ln \sum_{k=1}^{K} q_k^{(n)} \frac{\pi_k\, \mathcal{N}(\boldsymbol{x}^{(n)} \mid \boldsymbol{\mu}_k, \Sigma_k)}{q_k^{(n)}}$$

これは単に $q_k^{(n)}/q_k^{(n)} = 1$ をかけているだけに過ぎません．この式にイエンセンの不等式を適用すると次のような下限の式が得られます．

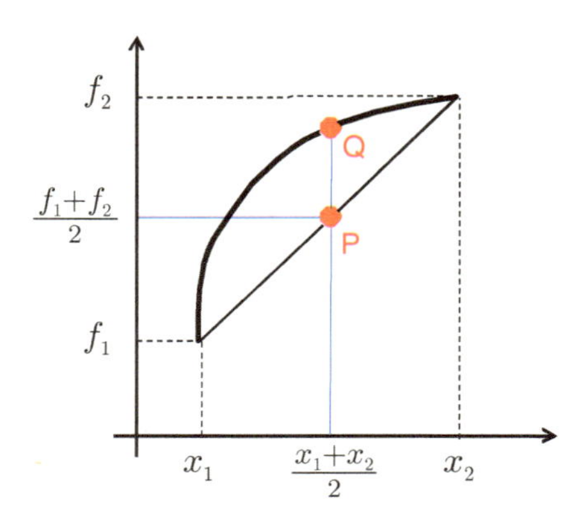

図 5.2 イエンセンの不等式の例証．一般に上に凸な関数 f について，点 Q は点 P よりも必ず上側ある．たとえば，X_1 と X_2 の中点 $\frac{X_1+X_2}{2}$ では，$f\left(\frac{X_1+X_2}{2}\right)$ は明らかに $\frac{f_1+f_2}{2}$ より大きい．これはイエンセンの不等式で $K=2, c_1=c_2=\frac{1}{2}$ の状況．

$$L_{\text{下限}}(\Theta \mid \mathcal{D}^{(t)}) = \sum_{n=1}^{t} w_t^{(n)} \sum_{k=1}^{K} q_k^{(n)} \ln \frac{\pi_k \, \mathcal{N}(\boldsymbol{x}^{(n)} \mid \boldsymbol{\mu}_k, \Sigma_k)}{q_k^{(n)}} \tag{5.6}$$

次節において，これを使った最尤推定の方法を説明します．

5.3 EM 法による重みつき対数尤度の最大化

上にて導出した重みつき対数尤度の下限 (5.6) を使って，パラメターの最尤推定を実行してみます．下限には，もともとのパラメター $\{\pi_k, \boldsymbol{\mu}_k, \Sigma_k\}$ と，イエンセンの不等式を使う際にむりやり導入した $\{q_k^{(t)}\}$ という 2 種類の未知量がありますが，片方を既知として片方を求める，という具合に両者を求めてゆきます．これが **EM 法**（expectation-maximization algorithm）と呼ばれる算法です．

5.3.1 帰属度 $q_k^{(n)}$ についての最適化

定義 5.1 で与えた問題設定に忠実に，$\{\pi_k, \boldsymbol{\mu}_k, \Sigma_k\}$ の推定値が数値として手元に与えられているとします．この前提だと $L_{\text{下限}}(\Theta \mid \mathcal{D}^{(t)})$ に含まれる未知量は $\{q_k^{(t)}\}$ だけですので，これを最適に決めることを考えます．制約

$q_1^{(n)} + \cdots + q_K^{(n)} = 1$ をラグランジュ乗数 λ_n で取り込むことで*2，最適解の条件は

$$0 = \frac{\partial}{\partial q_k^{(n)}} \left[L_{\text{下限}} - \sum_{n'=1}^{t} \lambda_{n'} \sum_{l=1}^{K} q_l^{(n')} \right]$$

となります．素朴に微分を実行することで，

$$q_k^{(n)} = \pi_k \mathcal{N}(\boldsymbol{x}^{(n)} \mid \boldsymbol{\mu}_k, \Sigma_k) \exp\left(-1 - \frac{\lambda_n}{w_t^{(n)}} \right)$$

という解が出ます．両辺の k に関する和をとり，制約条件を使うことで λ_n を含む指数関数の部分は簡単に定められます．結局，解として

$$q_k^{(n)} = \frac{\pi_k \, \mathcal{N}(\boldsymbol{x}^{(n)} \mid \boldsymbol{\mu}_k, \Sigma_k)}{\sum_{l=1}^{K} \pi_l \, \mathcal{N}(\boldsymbol{x}^{(n)} \mid \boldsymbol{\mu}_l, \Sigma_l)} \tag{5.7}$$

が得られます．$q_k^{(n)}$ は，標本 $\boldsymbol{x}^{(n)}$ が与えられたときに，その標本が第 k クラスターに所属する確率を表します．これを特に，標本 $\boldsymbol{x}^{(n)}$ の第 k クラスターへの**帰属度**（membership weight）もしくは**負担率**（responsibility）と呼びます．

5.3.2 混合重みの最適化

以上では，モデルのパラメター $\{\pi_k, \boldsymbol{\mu}_k, \Sigma_{\mathsf{k}}\}$ が既知という前提で帰属度 $\{q_k^{(n)}\}$ を求めました．今やどちらも数値として求まったのですが，帰属度のほうには時刻 t における観測値 $\boldsymbol{x}^{(t)}$ が含まれています．いわばこれは最新の情報ですから，今度は逆に，帰属度 $\{q_k^{(n)}\}$ が数値として求められている前提で，パラメターのほうを更新することを考えます．

まず，混合重み $\{\pi_k\}$ について考えましょう．$\pi_1 + \cdots + \pi_K = 1$ という制約がありますので，ラグランジュ乗数 λ を使うことで次のような最適条件が得られます．

$$0 = \frac{\partial}{\partial \pi_k} \left[L_{\text{下限}} - \lambda \sum_{l=1}^{K} \pi_l \right] \tag{5.8}$$

微分を実行して

*2　n ごとに条件式がひとつ出ますので，ラグランジュ乗数も t 個必要です．

$$\hat{\pi}_k^{(t)} = \frac{1}{\sum_{n'=1}^{t} w_t^{(n')}} \sum_{n=1}^{t} w_t^{(n)} q_k^{(n)} \tag{5.9}$$

という解が容易に求められます．ここで，$q_k^{(n)}$ の規格化条件 $\sum_{l=1}^{K} q_l^{(n)} = 1$ を使いました．また，時刻 t での推定値であることを明示するために，ハット記号に加えて $^{(t)}$ をつけました．

5.3.3 平均と共分散の最適化

残るパラメター $\{\boldsymbol{\mu}_k, \Sigma_k\}$ についても混合重みと同様に，$\{q_k^{(n)}\}$ が数値として求まっているという前提で，重みつき対数尤度の下限を最大化することでパラメターを求めます．今度は制約条件がありませんので簡単です．正規分布の定義式 (2.1) を使うと，$L_{\text{下限}}$ の $\boldsymbol{\mu}_k$ に対する極大条件は

$$\mathbf{0} = \frac{\partial L_{\text{下限}}}{\partial \boldsymbol{\mu}_k} = \sum_{n=1}^{t} w_t^{(n)} q_k^{(n)} \Sigma_k{}^{-1} (\boldsymbol{x}^{(n)} - \boldsymbol{\mu}_k)$$

となり，これから

$$\hat{\boldsymbol{\mu}}_k^{(t)} = \frac{1}{\sum_{n'=1}^{t} w_t^{(n')} q_k^{(n')}} \sum_{n=1}^{t} w_t^{(n)} q_k^{(n)} \boldsymbol{x}^{(n)} \tag{5.10}$$

という解が得られます．標本重み $w_t^{(n)}$ と帰属度を使った重みつき平均と解釈できます．

共分散行列 Σ_k については，2.1 節での計算を参考にすれば，$L_{\text{下限}}$ に対する極大条件が

$$0 = \frac{\partial L_{\text{下限}}}{\partial \Sigma_k^{-1}} = \frac{1}{2} \sum_{n=1}^{t} w_t^{(n)} q_k^{(n)} \left\{ -(\boldsymbol{x}^{(n)} - \boldsymbol{\mu}_k)(\boldsymbol{x}^{(n)} - \boldsymbol{\mu}_k)^\top + \Sigma_k \right\}$$

となり，これから

$$\hat{\Sigma}_k^{(t)} = \frac{1}{\sum_{n'=1}^{t} w_t^{(n')} q_k^{(n')}} \sum_{n=1}^{t} w_t^{(n)} q_k^{(n)} (\boldsymbol{x}^{(n)} - \hat{\boldsymbol{\mu}}_k^{(t)})(\boldsymbol{x}^{(n)} - \hat{\boldsymbol{\mu}}_k^{(t)})^\top \tag{5.11}$$

$$= \frac{1}{\sum_{n'=1}^{t} w_t^{(n')} q_k^{(n')}} \sum_{n=1}^{t} w_t^{(n)} q_k^{(n)} \boldsymbol{x}^{(n)} \boldsymbol{x}^{(n)\top} - \hat{\boldsymbol{\mu}}_k^{(t)} \hat{\boldsymbol{\mu}}_k^{(t)\top} \tag{5.12}$$

という解が得られることがわかります．

5.4 混合重みのスムージング

上に導いた混合正規分布の EM 推定式においては，初期値の与え方が不適切だと，たかだか 1 個くらいの標本しか属さないようなクラスターが出てしまい，数値的に不安定になる現象がしばしば見られます．実用上，これを防ぐために，多項分布の最尤推定におけるスムージングと同様の発想で，$\{\pi_k\}$ に「ゲタ」を薄く履かせておくのが有用です．これは 3.4 節での議論とまったく同様に，$\{\pi_k\}$ にディリクレ事前分布を付すことで行えます．式 (5.8) の代わりに，

$$0 = \frac{\partial}{\partial \pi_k} \left[L_{\text{下限}} + \ln \mathrm{Dir}(\boldsymbol{\pi} \mid \boldsymbol{\alpha}) - \lambda \sum_{l=1}^{K} \pi_l \right]$$

$$= \frac{\partial}{\partial \pi_k} \left[\sum_{n=1}^{t} w_t^{(n)} \sum_{l=1}^{K} q_l^{(n)} \ln \pi_l + \sum_{l=1}^{K} (\alpha_l - 1) \ln \pi_l - \lambda \sum_{l=1}^{K} \pi_l \right] \tag{5.13}$$

が最適解（最大事後確率解）の条件となります．ただし 1 行目の式で，$\boldsymbol{\pi} = (\pi_1, \ldots, \pi_K)^\top$ と置きました．また，2 行目の式では微分して 0 となる定数項は省きました．素朴に微分を実行すると，次のような解が得られます．

$$\tilde{\pi}_k^{(t)} \equiv \sum_{n=1}^{t} w_t^{(n)} q_k^{(n)} \tag{5.14}$$

$$\hat{\pi}_k^{(t)} = \frac{\tilde{\pi}_k^{(t)} + \gamma}{K\gamma + \sum_{l=1}^{K} \tilde{\pi}_l^{(t)}} \tag{5.15}$$

ただし，ディリクレ分布のパラメターについて，$\alpha_k = 1 + \gamma$ のように k によらない一定値に仮定しました．実用上は，もとの最尤解 (5.9) よりも，こちらの最大事後確率解のほうが推奨されます*3.

5.5 重みの選択と逐次更新型異常検知モデル

前節までに導いた重みつき対数尤度による最尤解 $\{\tilde{\pi}_k^{(t)}, \hat{\boldsymbol{\mu}}_k^{(t)}, \hat{\Sigma}_k^{(t)}\}$ の式は任意の重み $\{w_t^{(n)}\}$ に対して成り立ちますが，時刻1から t までのすべての標本が式の中に明示的に入っているのが問題です．これは，時々刻々やってくる観測値のすべてを記憶しておく必要があるということを意味しています．定義5.1で明記した通り，われわれの最終目標は，今観測したデータ $\boldsymbol{x}^{(t)}$ だけを使ってモデルのパラメターを更新する式を導くことです．

逐次更新モデルの導出のために，重み係数として

$$w_t^{(n)} = \beta(1-\beta)^{t-n} \tag{5.16}$$

というものを考えます．ここで $0 < \beta < 1$ は**忘却率**（forgetting factor）または**割引率**（discounting factor）と呼ばれる定数です．明らかに，過去にさかのぼるほど重みの値は小さくなり，昔を忘れるという気持ちが表現されていることがわかります．

重み係数の定義 (5.16) を，$\tilde{\pi}_k^{(t)}$ の定義式 (5.14) において $t-1$ と t で代入すると

$$\tilde{\pi}_k^{(t-1)} = \beta \sum_{n=1}^{t-1} (1-\beta)^{t-1-n} q_k^{(n)}$$

$$\tilde{\pi}_k^{(t)} = \beta q_k^{(t)} + \beta \sum_{n=1}^{t-1} (1-\beta)^{t-n} q_k^{(n)}$$

となるので

$$\tilde{\pi}_k^{(t)} = (1-\beta)\tilde{\pi}_k^{(t-1)} + \beta q_k^{(t)} \tag{5.17}$$

のような更新式が成り立つことがただちに確かめられます．これを式 (5.15)

*3 なお，実用上は，混合重みではなく，帰属度の方にスムージングを加えるほうが直接的です．そのような定式化の例は山西 [33] をご参照ください.

と組み合わせることで混合重みの逐次更新式が導出できたことになります．

$\boldsymbol{\mu}_k$ の推定値については，式 (5.10) において

アルゴリズム 5.1 混合正規分布の逐次更新型 EM 法による異常検知

- **初期化**．混合正規分布モデルのパラメター

$$\Theta = \{\tilde{\pi}_1, \ldots, \tilde{\pi}_K, \tilde{\boldsymbol{\mu}}_1, \ldots, \tilde{\boldsymbol{\mu}}_K, \tilde{\boldsymbol{\Sigma}}_1, \ldots, \tilde{\boldsymbol{\Sigma}}_K\}$$

  に適当な初期値を設定する．また，$q_1 = \cdots = q_K = 1/K$ と初期化しておく．忘却率 β，異常度の閾値 a_{th}，スムージングの定数 γ を与える．

- **パラメター推定**．各時刻 t において標本 $\boldsymbol{x}$ を観測するたびに次の計算を行う．

  ・$\{\tilde{\pi}_k, \tilde{\boldsymbol{\mu}}_k, \tilde{\boldsymbol{\Sigma}}_k\}$ を次式で更新する．

$$\begin{aligned}
\tilde{\pi}_k &\leftarrow (1-\beta)\tilde{\pi}_k + \beta q_k \\
\tilde{\boldsymbol{\mu}}_k &\leftarrow (1-\beta)\tilde{\boldsymbol{\mu}}_k + \beta q_k \boldsymbol{x} \\
\tilde{\boldsymbol{\Sigma}}_k &\leftarrow (1-\beta)\tilde{\boldsymbol{\Sigma}}_k + \beta q_k \boldsymbol{x}\boldsymbol{x}^\top
\end{aligned}$$

  ・モデルのパラメター $\{\pi_k, \boldsymbol{\mu}_k, \boldsymbol{\Sigma}_k\}$ を次式で求める．

$$\pi_k = \frac{\tilde{\pi}_k + \gamma}{K\gamma + \sum_{l=1}^K \tilde{\pi}_l}, \quad \boldsymbol{\mu}_k = \frac{\tilde{\boldsymbol{\mu}}_k}{\tilde{\pi}_k}, \quad \boldsymbol{\Sigma}_k = \frac{\tilde{\boldsymbol{\Sigma}}_k}{\tilde{\pi}_k} - \boldsymbol{\mu}_k \boldsymbol{\mu}_k^\top$$

  ・現在のパラメター推定値を用いて $\boldsymbol{x}$ の帰属度 q_k を次式で求める．

$$q_k = \frac{\pi_k \, \mathcal{N}(\boldsymbol{x}|\boldsymbol{\mu}_k, \boldsymbol{\Sigma}_k)}{\sum_{l=1}^K \pi_l \, \mathcal{N}(\boldsymbol{x}|\boldsymbol{\mu}_l, \boldsymbol{\Sigma}_l)}$$

- **異常判定**．時刻 t における異常度を

$$a(\boldsymbol{x}) = -\ln \sum_{k=1}^K \pi_k \, \mathcal{N}(\boldsymbol{x} \mid \boldsymbol{\mu}_k, \boldsymbol{\Sigma}_k)$$

  により計算し，$a(\boldsymbol{x}) > a_{\mathrm{th}}$ なら警報を出す．

$$\tilde{\boldsymbol{\mu}}_k^{(t)} \equiv \sum_{n=1}^{t} w_t^{(n)} q_k^{(n)} \boldsymbol{x}^{(n)} \tag{5.18}$$

と定義し，また，Σ_k については，式 (5.12) において

$$\tilde{\Sigma}_k^{(t)} \equiv \sum_{n=1}^{t} w_t^{(n)} q_k^{(n)} \boldsymbol{x}^{(n)} \boldsymbol{x}^{(n)\top} \tag{5.19}$$

と定義すると，混合重みとまったく同様に，次の更新式が導けます．

$$\tilde{\boldsymbol{\mu}}_k^{(t)} = (1-\beta)\tilde{\boldsymbol{\mu}}_k^{(t-1)} + \beta q_k^{(t)} \boldsymbol{x}^{(t)}$$
$$\tilde{\Sigma}_k^{(t)} = (1-\beta)\tilde{\Sigma}_k^{(t-1)} + \beta q_k^{(t)} \boldsymbol{x}^{(t)} \boldsymbol{x}^{(t)\top}$$

アルゴリズム 5.1 に，混合正規分布の逐次更新型 EM 法による更新則と，異常検知の手法をまとめておきます．この手法 [35] は，異常検知という実務的な問題設定に機械学習の理論が導入されるきっかけとなったという点で歴史的意義を持ちます．古典理論としてのホテリングの T^2 法の欠点を改良したものとしては，実応用上最も広く使われている手法の 1 つです [34]．

Chapter 6

サポートベクトルデータ記述法による異常検知

第 2 章で説明したホテリングの T^2 法では，全データが単一の正規分布に従うと仮定して異常検知モデルを作りました．一方，第 4 章と第 5 章では，単一の分布を使うのをあきらめ，着目点の周りの局所的なデータの散らばりに着目して異常検知モデルを作りました．ここでは発想をある意味でホテリングの T^2 法の世界に引き戻し，しかしその代わりに「カーネルトリック」という技術を使って，分布の濃淡を間接的に表現するという極めて巧妙な手法を解説します．

6.1 データを囲む最小の球

本章では，$\mathcal{D} = \{\boldsymbol{x}^{(1)}, \ldots, \boldsymbol{x}^{(N)}\}$ のような，ラベルが与えられていないデータを考えます．$\mathcal{D}$ の中には異常標本が含まれていないか，含まれていたとしても圧倒的少数であると信じられるとします．

冒頭で述べたように，この標本集合をひとかたまりとして記述することを考えると，「標本集合のほぼ全体を囲む球を作り，その球に入りきらなかったものを異常と判定する」という考え方は自然です（図 6.1）．実際，この考え方を多変量正規分布とマハラノビス距離を使って実現したのがホテリングの T^2 法でした．ここでは，多変量正規分布を間にはさまずに，ある意味でより直接的にこの思想を表現してみます．

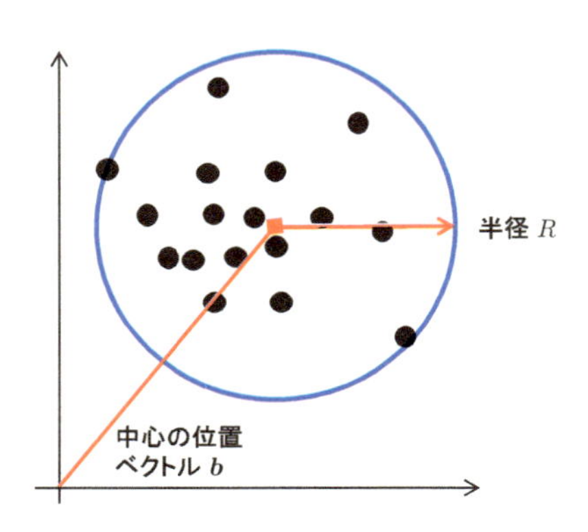

図 6.1　標本の集合を囲む最小の球.

データ $\mathcal{D}$ のすべてを囲む球を考える場合, 球の半径 R を大きくすれば簡単に $\mathcal{D}$ 全体を囲めてしまうので, データを含むという条件のもとで, できる限り小さい球を求めてみます. これは次のような最適化問題として表せます.

$$\min_{R^2, \boldsymbol{b}} R^2 \quad \text{ただし条件} \quad \|\boldsymbol{x}^{(n)} - \boldsymbol{b}\|^2 \leq R^2 \quad \text{のもとで}$$

ここで, $n = 1, \ldots, N$ で, $\|\boldsymbol{a}\|^2 \equiv \boldsymbol{a}^\top \boldsymbol{a}$ です. R はいうまでもなく球の半径を表します.

ただ, これだと厳格に過ぎるので, $\boldsymbol{x}^{(n)}$ に対して, 半径の 2 乗に $u^{(n)}$ 分だけの「遊び」をちょっと許した上で次の問題を解くことにします[*1].

$$\min_{R^2, \boldsymbol{b}, \boldsymbol{u}} \left\{ R^2 + C \sum_{n=1}^{N} u^{(n)} \right\} \text{ subject to } \|\boldsymbol{x}^{(n)} - \boldsymbol{b}\|^2 \leq R^2 + u^{(n)} \tag{6.1}$$

C は「遊び」の許容度を示す正の定数で, しばしば**正則化定数** (regularization constant) と呼ばれます. これには事前に何かの数値が与えられていると考えます. 「遊び」はないに越したことはありませんので, その総和をペナルティとして取り込みつつ, それも含めて最小化するわけです. 半径の「遊び」という意味合いからして, $u^{(n)} \geq 0$ でなければなりません.

何らかの手段で問題 (6.1) を解いて, 解 $(R^{2*}, \boldsymbol{b}^*, \boldsymbol{u}^*)$ が求まったとしましょう[*2]. これは確率分布が明示的に定義されていないモデルなので, 本書

---

*1　subject to の定義は 4.2.2 節にあります.

*2　今の場合 R^2 を変数に選んでいるので, $(R^2)^*$ の意味で R^{2*} と表記します.

でこれまで議論してきたモデルとはやや毛色が異なりますが，直感的には異常度を，「球からはみ出した長さ」として $a(\boldsymbol{x}') = \|\boldsymbol{x}' - \boldsymbol{b}^*\|^2 - R^{2*}$ のように定義できます．後の都合上，2乗を展開して，

$$a(\boldsymbol{x}') = K(\boldsymbol{x}', \boldsymbol{x}') - 2\,K(\boldsymbol{b}^*, \boldsymbol{x}') + K(\boldsymbol{b}^*, \boldsymbol{b}^*) - R^{2*} \tag{6.2}$$

と表しておきます．ただし，$K(\cdot, \cdot)$ は引数同士の内積を表します．通常は，$K(\boldsymbol{b}, \boldsymbol{x}') = \boldsymbol{b}^\top \boldsymbol{x}'$ などですが，後でこれを拡張した $K(\cdot, \cdot)$ の定義を与えます．

式 (6.2) の異常度を計算するためには，式 (6.1) を目的関数とする最適化問題を解く必要があります．次節以降で述べる通り，この最適化問題を解くと，異常と正常を分ける球が，ごく少数の訓練標本で表されるというという興味深い結果になります．あたかもそれらの標本が球面を「支えて」いるかのごとしで，それが**サポートベクトルデータ記述法**ないし**支持ベクトルデータ記述法** (support vector data description) [29] という名前の由来です．この手法はまた **1 クラスサポートベクトルマシン** (one-class support vector machine) （1 クラス支持ベクトル分類器）とも呼ばれます．

6.2 双対問題への変換とカーネルトリック

問題 (6.1) は非線形の制約を持つ比較的複雑な最適化問題になっています．幸いなことに，非線形制約を持つ最適化問題を，「双対問題」という別の問題に変換して非線形制約をある意味で消去する手法がありますので，それを使って問題が簡単に解けないか調べてみます．双対問題への変換については本章末尾の 6.5 節にまとめました．そのアルゴリズム 6.1 に従って以下計算してゆきます．

まず，ラグランジュ関数 L を次のように定義します．

$$\begin{aligned} L(R^2, \boldsymbol{b}, \boldsymbol{u}, \boldsymbol{\alpha}, \boldsymbol{\beta}) \equiv & R^2 + C \sum_{n=1}^{N} u^{(n)} - \sum_{n=1}^{N} \beta_n u^{(n)} \\ & - \sum_{n=1}^{N} \alpha_n \left\{ R^2 + u^{(n)} - \|\boldsymbol{x}^{(n)} - \boldsymbol{b}\|^2 \right\} \end{aligned}$$

制約 $R^2 + u^{(n)} - \|\boldsymbol{x}^{(n)} - \boldsymbol{b}\|^2 \geq 0$ と，$u^{(n)} \geq 0$ に対応して，それぞれ N 個のラグランジュ乗数 $\{\alpha_n\}$ と $\{\beta_n\}$ が導入されていること，それらをまとめ

て $\boldsymbol{\alpha}$ と $\boldsymbol{\beta}$ のようにベクトル表記していることに注意します．これは最小化の問題なので，これにマイナスをつけたものがアルゴリズム 6.1 と対応していることに注意しましょう．

もとの変数 $R^2, \boldsymbol{b}, \boldsymbol{u}$ について最大化することで L を $\boldsymbol{\alpha}, \boldsymbol{\beta}$ だけの関数として表します．最適解を与える条件

$$0 = \frac{\partial L}{\partial R^2} = 1 - \sum_{n=1}^{N} \alpha_n \tag{6.3}$$

$$\mathbf{0} = \frac{\partial L}{\partial \boldsymbol{b}} = 2\sum_{n=1}^{N} \alpha_n \boldsymbol{b} - 2\sum_{n=1}^{N} \alpha_n \boldsymbol{x}^{(n)} \tag{6.4}$$

$$0 = \frac{\partial L}{\partial u^{(n)}} = C - \beta_n - \alpha_n \quad (\text{ただし } n = 1, \ldots, N) \tag{6.5}$$

を使って $R^2, \boldsymbol{b}, \boldsymbol{u}$ を消去すると，多少の計算の後に

$$\begin{aligned} \ell(\boldsymbol{\alpha}, \boldsymbol{\beta}) &\equiv \min_{R^2, \boldsymbol{b}, \boldsymbol{u}} L(R^2, \boldsymbol{b}, \boldsymbol{u}, \boldsymbol{\alpha}, \boldsymbol{\beta}) \\ &= \sum_{n=1}^{N} \alpha_n K_{n,n} - \sum_{n,n'=1}^{N} \alpha_n \alpha_{n'} K_{n,n'} \end{aligned} \tag{6.6}$$

が得られます．ただし，$K_{n,n'} \equiv K(\boldsymbol{x}^{(n)}, \boldsymbol{x}^{(n')})$ などと略記しました．ラグランジュ乗数 $\boldsymbol{\alpha}, \boldsymbol{\beta}$ については，カルーシュ・キューン・タッカー条件（KKT 条件，定理 6.1 参照）から，個々の次元についての非負条件 $\alpha_n \geq 0$ および $\beta_n \geq 0$ が付されます．式 (6.6) には $\boldsymbol{\beta}$ が含まれていませんので，条件 (6.5) を組み合わせて消去することを考えます．明らかに

$$0 \leq \beta_n = C - \alpha_n$$

が成り立ちますので，β_n は α_n が求まれば決定できることがわかります．ただし，β_n に関する非負条件がありますので，これを満たすためには，α_n に対し，非負条件に加えて，$\alpha_n \leq C$ を付しておけばよいことがわかります．

以上まとめると，われわれが解くべき問題は次の通りです．

$$\max_{\boldsymbol{\alpha}} \left\{ \sum_{n=1}^{N} \alpha_n K_{n,n} - \sum_{n,n'=1}^{N} \alpha_n \alpha_{n'} K_{n,n'} \right\} \tag{6.7}$$

$$\text{subject to} \quad 0 \leq \alpha_n \leq C \quad (n = 1, \ldots, N) \tag{6.8}$$

これはもとの問題よりもはるかに簡単な形をしているため，データを囲む最小球を求めるためにはこちらの問題（双対問題と呼ばれます）を使います*3．この双対問題は，通常の二値分類問題に使われる支持ベクトル分類器（サポートベクトルマシン）の双対問題と本質的に同じです．通常，LIBSVM [2] などの既存プログラムを用いて数値計算を行います．具体的な最適化の手法としては，**SMO 法**（sequential minimal optimization）と**双対座標降下法**（dual coordinate descent）が代表的なものです．SMO 法の概要は赤穂 [1]，双対座標降下法の詳しい解説が佐藤 [25] にありますので参考にしてください．

上記の問題のもう 1 つの著しい特徴は，もとの標本 $\{\boldsymbol{x}^{(n)}\}$ に，内積 K のみを通して依存しているということです．今，内積 K を，たとえば **RBF**（radial basis function，**動径基底関数**）カーネルを使って

$$K(\boldsymbol{x}, \boldsymbol{x}') \leftarrow \exp\left\{-\sigma\|\boldsymbol{x} - \boldsymbol{x}'\|^2\right\} \tag{6.9}$$

のように置き換えたと考えてみます．これは，もとの座標を，内積が上記の関数で与えられるような座標に非線形変換したことに対応しています．非線形変換，とりわけ，M 次元を ∞ 次元空間に移すような非線形変換を明示的に定めるのは簡単ではないのですが，内積を与えるのははるかに簡単です．内積を与えることで非線形変換を「したことにする」という考え方を**カーネルトリック**（kernel trick）と呼びます．内積として与える関数 $K(\boldsymbol{x}, \boldsymbol{x}')$ のことを**カーネル関数**（kernel function）と呼びます．どういう非線形変換がされたことになるのかの実例は，6.4 節で見ることにしましょう．

6.3 解の性質と分類

上式を解いて最適解 $\boldsymbol{\alpha}^*$ が求まったら，KKT 条件を逆に使って，もとの解を求めていきます．まず，式 (6.4) より

$$\boldsymbol{b}^* = \sum_{n=1}^{N} \alpha_n^* \boldsymbol{x}^{(n)} \tag{6.10}$$

---

*3　厳密にいえば，この双対問題の導出は $C > 1/N$ が成り立つときに妥当です．詳しい議論が Chang ら [3] にあります．なお，R でなくて R^2 を変数に選ぶ定式化は同論文によります．

が得られます．また，KKT 条件の式 (6.20) に対応して，次の 2 種類の式が成り立ちます．

$$\alpha_n \left\{ R^{2*} + u^{(n)} - \|\boldsymbol{x}^{(n)} - \boldsymbol{b}^*\|^2 \right\} = 0 \tag{6.11}$$

$$(C - \alpha_n^*) u^{(n)} = 0 \tag{6.12}$$

ただし，$n = 1, \ldots, N$ です．この条件式から，以下の 3 つの場合があることがわかります．

1. α_n^* が 0 でも C でもない場合．式 (6.12) から必ず $u^{(n)} = 0$ になっていて，また，式 (6.11) から $R^{2*} = \|\boldsymbol{x}^{(n)} - \boldsymbol{b}^*\|^2$ が成り立ちます．これは，ぴったりと球面の上に乗っているということを意味します．これを満たす標本は，見方によっては球面を支えているともいえます．このことから**支持ベクトル**（support vector）またはそのまま**サポートベクトル**と呼ばれます．
2. $\alpha_n^* = 0$ となる場合．これを満たす標本においては，式 (6.12) から必ず $u^{(n)} = 0$ であり，補足の 6.5.1 項での議論によれば，対応する制約条件 $R^{2*} - \|\boldsymbol{x}^{(n)} - \boldsymbol{b}^*\|^2 < 0$ が成り立っていることがわかります．つまり，$\alpha_n^* = 0$ となる標本は，球の内部にあります．
3. $C < 1$ に対して $\alpha_n^* = C$ となる場合．これを満たす標本では必ず $u^{(n)} > 0$ となっており，球の外にあります．もともと $u^{(n)}$ は「遊び」として導入したものですから，この場合もサポートベクトルの仲間とみなすことができ，慣習上これらもサポートベクトルと呼びます．

条件 (6.3) によれば，α_n の総和は 1 にならなければなりません．したがって，上記 3 番目の可能性については，$C \geq 1$ ならば実現できないことになります．すなわち，すべての標本が球の上か内部にあるかのどちらかです．C を 1 未満の正値にすることにより，球の外に出る標本の数を制御できるということになります．

$0 < \alpha_n^* < C$ を満たす n を 1 つ選びそれを n' とすると，R^{2*} は $\|\boldsymbol{x}^{(n')} - \boldsymbol{b}^*\|^2$ となりますが，式 (6.10) を使い，また，内積を展開しておくと，

$$R^{2*} = K_{n',n'} + \sum_{n_1, n_2 = 1}^{N} \alpha_{n_1}^* \alpha_{n_2}^* K_{n_1,n_2} - 2 \sum_{n=1}^{N} \alpha_n^* K_{n,n'} \tag{6.13}$$

と表せます．同様に，異常度 (6.2) においても，式 (6.10) を使って $\boldsymbol{b}^*$ を ${\alpha^*}_n$ で表現することができます．上の R^{2*} を使って表すと，1 クラスサポートベクトル分類器における異常度が次のように表せます．

$$a(\boldsymbol{x}') = K(\boldsymbol{x}', \boldsymbol{x}') + \sum_{n_1, n_2 = 1}^{N} \alpha^*_{n_1} \alpha^*_{n_2} K_{n_1, n_2} - 2 \sum_{n=1}^{N} \alpha^*_n \, K(\boldsymbol{x}', \boldsymbol{x}^{(n)}) - R^{2*} \tag{6.14}$$

結局，双対問題を解いて得られた $\{\alpha^*_n\}$ という量により，球の大きさも異常度も表現できることがわかりました．上に述べた通り，球の内部にある大多数の標本は $\alpha^*_n = 0$ となりますから，上記の結果は，データ $\mathcal{D}$ の分布が，少数のサポートベクトルで表現できるということを意味します．

6.4 データクレンジングへの適用例

ここで紹介するのは次のような問題です．$(0, 0)^\top$ を期待値とする $M = 2$ 次元の正規分布 $\mathcal{N}(\boldsymbol{x} \mid \boldsymbol{0}, \mathsf{I}_2)$ から 60 個，$(3, 3)^\top$ を期待値とする 2 次元の正規分布 $\mathcal{N}(\boldsymbol{x} \mid (3, 3)^\top, \mathsf{I}_2)$ から 60 個の標本をランダムに生成し，あわせて $N = 120$ の標本集合を作ります．各次元を，平均 0，分散 1 になるように標準化してデータ $\mathcal{D}$ を作ります．その後，$\sigma = 0.5$ の RBF カーネルを用いてサポートベクトルデータ記述法の解を求めます．計算結果を**図 6.2** に示します．

図では係数が $\alpha^*_n = 0$ を満たす標本は白丸，サポートベクトルに対応する標本は黒丸で書かれています．もともとサポートベクトルデータ記述法は，単一の球で標本集合を囲む手法でした．しかしカーネルトリックにより，単一の球が，まるでドーナツ型の複雑な形に変形していることがわかります．

前節で述べた通り，$\alpha^*_n = C$ を満たす標本は，この「球」の外にあります．これは，$\mathcal{D}$ の中においては外れ値となっていることを意味します．この性質を利用することで，データにおいてノイズとみなされる標本を抽出し除去することができます．この作業を**データクレンジング**（data cleansing）と呼びます．

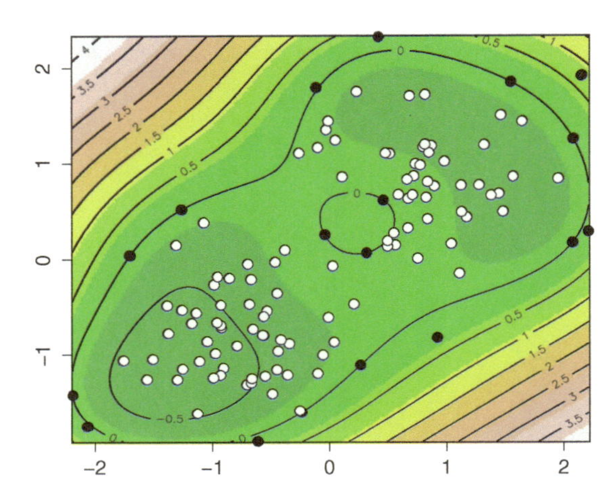

図 6.2 1 クラスサポートベクトル分類器の学習結果の例．黒丸がサポートベクトルを表す．異常度の大小を等高線で表現している．

理論的にはサポートベクトルデータ記述法によるこのような解析は非常に魅力的ですが，実応用上の問題は，どのような非線形変換が生じ，どのような「球」が変換後に生ずるかがなかなか予想しにくいという点です．しかも非線形変換の様相は，カーネル関数に含まれるパラメターにより敏感に変化します．したがって実際には，性質が比較的よくわかっているデータを使い，サポートベクトルとして選択された標本が理にかなったものなのかを慎重に確認してから，実運用に移るのが無難です*4．1 クラスサポートベクトル分類器による異常検知の応用例としては，発電設備の異常検知への応用があります [21]．

6.5 補足: 不等式制約下での非線形最適化問題

この節では，不等式制約 $g(\boldsymbol{x}) \geq 0$ のもとで関数 $f(\boldsymbol{x})$ を最大化するという問題を解くための一般論を説明します．考える問題を形式的に書くと次の通りです．

*4 この点については，密度比の直接推定に基づく異常検出技術の利点という観点で 11.2.3 項にて再び触れます．

$$f(\boldsymbol{x}) \to \text{最大化} \quad \text{subject to} \quad g(\boldsymbol{x}) \geq 0 \tag{6.15}$$

制約がもし等式制約 $h(\boldsymbol{x}) = 0$ であれば，この種の問題は**ラグランジュ関数**（Lagrangian）$L(\boldsymbol{x}, \lambda) \equiv f(\boldsymbol{x}) + \lambda h(\boldsymbol{x})$ を作って，ラグランジュ関数に対する制約なしの最適化問題を解けばいいことはよく知られています [9]．本節でのポイントは，制約が等式でなくて不等式になった場合にはどうなるかという点です．

6.5.1 ラグランジュ乗数法

等式制約と違い，不等式制約 $g(\boldsymbol{x}) \geq 0$ の場合は，制約を満たす $\boldsymbol{x}$ の集まりは曲線ではなく**図 6.3** のような領域となります．**図 6.3** の 2 つの場合に対応して，解と制約の関係を見ていきます．

1 つは，制約を満たす領域に $f(\boldsymbol{x})$ の（制約なしの場合の）最大値 $\boldsymbol{x}_{\mathrm{P}}$ がうまく入っている場合です（図の左側の状況）．この場合，制約の有無は解に影響を及ぼしませんので，$\lambda = 0$ だと思えば，

$$L(\boldsymbol{x}, \lambda) \equiv f(\boldsymbol{x}) + \lambda g(\boldsymbol{x}) \tag{6.16}$$

と置いた上で，$L(\boldsymbol{x}, \lambda)$ に対する制約のない最大化問題を解くことで解が求まることになります．

2 つ目は，制約を満たす領域に $f(\boldsymbol{x})$ の（制約なしの場合の）最大値が入っていない場合です（図の右側の状況）．この場合，制約を満たす領域のへりの部分で，f の等高線と接するところ（図の点 Q）が解になるはずです．点 P に最も近い等高線に乗るためにはそうするしかないからです．この場合，

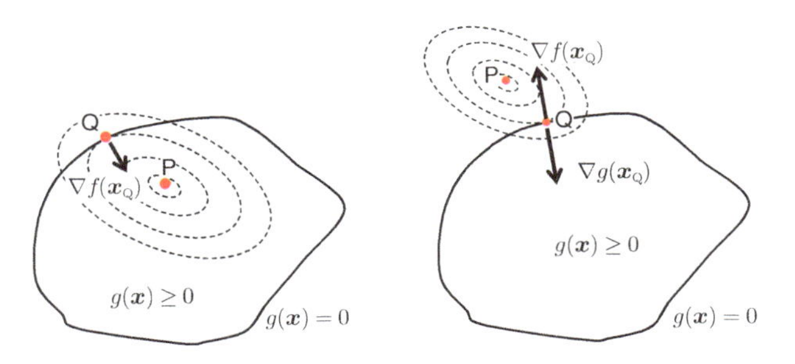

図 6.3 不等式制約下での最適化問題で生じ得る 2 つの場合の説明．

$\nabla f(\boldsymbol{x}_{\mathrm{Q}})$ と $\nabla g(\boldsymbol{x}_{\mathrm{Q}})$ の方向が逆になることを考えれば，ある未定乗数 $\lambda > 0$ に対して，

$$\nabla f(\boldsymbol{x}_{\mathrm{Q}}) = -\lambda \nabla g(\boldsymbol{x}_{\mathrm{Q}}) \quad \text{すなわち} \quad \frac{\partial}{\partial \boldsymbol{x}} \left[f(\boldsymbol{x}) + \lambda g(\boldsymbol{x}) \right]_{\boldsymbol{x}=\boldsymbol{x}_{\mathrm{Q}}} = 0$$

が成り立ち，$\boldsymbol{x}_{\mathrm{Q}}$ は制約を満たす領域のへりにあることから，$g(\boldsymbol{x}_{\mathrm{Q}}) = 0$ が成り立ちます．

以上 2 つの場合のいずれも，解はラグランジュ関数 (6.16) の極大の条件を満たし，また，λ か $g(\boldsymbol{x})$ のどちらかが最適解において 0 になりますので，解は $\lambda g(\boldsymbol{x}) = 0$ を満たします．以上まとめると次の通りです．

定理 6.1（ラグランジュ乗数法）

問題 (6.15) の局所最適解は，ラグランジュ関数 $L(\boldsymbol{x}, \lambda) \equiv f(\boldsymbol{x}) + \lambda g(\boldsymbol{x})$ に対して，次の条件を満たす．

$$\frac{\partial L(\boldsymbol{x}, \lambda)}{\partial \boldsymbol{x}} = \mathbf{0} \tag{6.17}$$

$$g(\boldsymbol{x}) \geq 0 \tag{6.18}$$

$$\lambda \geq 0 \tag{6.19}$$

$$\lambda g(\boldsymbol{x}) = 0 \tag{6.20}$$

要するに，$\lambda \geq 0$ と $\lambda g(\boldsymbol{x}) = 0$ という条件さえ忘れなければ，不等式制約でも等式制約と同じように扱えるということです．これらの条件を，**カルーシュ・キューン・タッカー条件**（Karush-Kuhn-Tucker condition）もしくは **KKT 条件**（KKT condition）と呼びます．

制約が複数ある場合は，制約式ごとにラグランジュ乗数を考えます．たとえば，不等式制約 $g_1(\boldsymbol{x}) \geq 0$ および $g_2(\boldsymbol{x}) \geq 0$ があれば，ラグランジュ乗数も対応して λ_1, λ_2 の 2 つ考え，ラグランジュ関数は

$$L(\boldsymbol{x}, \lambda) \equiv f(\boldsymbol{x}) + \lambda_1 g_1(\boldsymbol{x}) + \lambda_2 g_2(\boldsymbol{x})$$

となります．最適解の条件は，式 (6.17) に，もとの不等式制約 $g_1(\boldsymbol{x}) \geq 0$, $g_2(\boldsymbol{x}) \geq 0$ に加えて

$$\lambda_1 \geq 0, \quad \lambda_2 \geq 0, \quad \lambda_1 g_1(\boldsymbol{x}) = 0, \quad \lambda_2 g_2(\boldsymbol{x}) = 0$$

を加えたものになります.

6.5.2 双対定理

ラグランジュ乗数法による制約つき最適化問題の最適性の条件においては，当初はただの便法として導入したラグランジュ乗数が，まるで新たな変数のような形で書かれています．前節の問題をやや一般化して，次の問題を考えます.

$$f(\boldsymbol{x}) \to \text{最大化} \quad \text{subject to} \quad g_i(\boldsymbol{x}) \geq 0,\ h_j(\boldsymbol{x}) = 0 \tag{6.21}$$

ただし $i = 1, \ldots, C$ および $j = 1, \ldots, D$ とします．この制約にそれぞれ λ_i と μ_j というラグランジュ乗数を与えると，前項末尾に述べた通り，ラグランジュ関数は

$$L(\boldsymbol{x}, \boldsymbol{\lambda}, \boldsymbol{\mu}) = f(\boldsymbol{x}) + \sum_{i=1}^{C} \lambda_i g_i(\boldsymbol{x}) + \sum_{j=1}^{D} \mu_j h_j(\boldsymbol{x}) \tag{6.22}$$

と定義できます．左辺の $\boldsymbol{\lambda}, \boldsymbol{\mu}$ はそれぞれ C 個と D 個のラグランジュ乗数をベクトルとしてまとめた表記です．ここで，条件 (6.17) に対応して，

$$\frac{\partial L(\boldsymbol{x}, \boldsymbol{\lambda}, \boldsymbol{\mu})}{\partial \boldsymbol{x}} = \boldsymbol{0} \tag{6.23}$$

を（解析的に）解いて $\boldsymbol{x}$ を求めたとします．これは当然，$\boldsymbol{\lambda}, \boldsymbol{\mu}$ の関数になります．そしてそれをラグランジュ関数に入れたものを関数 ℓ とします．形式的に書くと次の通りです.

$$\ell(\boldsymbol{\lambda}, \boldsymbol{\mu}) \equiv \max_{\boldsymbol{x}} L(\boldsymbol{x}, \boldsymbol{\lambda}, \boldsymbol{\mu})$$

この新たな関数は，もともとの問題 (6.21) を「半分解いたもの」ですが，解く過程でラグランジュ乗数を導入したので，まるでラグランジュ関数についての最適化問題のように見えます．この点を見るために，$\ell(\boldsymbol{\lambda}, \boldsymbol{\mu})$ ともともとの関数 $f(\boldsymbol{x})$ との関係を考えると，制約を満たす $\boldsymbol{x}$ について，ただちに，

$$\ell(\boldsymbol{\lambda}, \boldsymbol{\mu}) \geq f(\boldsymbol{x}) + \sum_{i=1}^{C} \lambda_i g_i(\boldsymbol{x}) + \sum_{j=1}^{D} \mu_j h_j(\boldsymbol{x}) \geq f(\boldsymbol{x}) \tag{6.24}$$

がいえます（この結果を**弱双対定理**（weak duality theorem）と呼びます）．最初の不等号は，$\ell(\boldsymbol{\lambda}, \boldsymbol{\mu})$ が最大値なので当然で，2 番目の不等号は，制約 $g_i(\boldsymbol{x}) \geq 0$ が成り立つこと（そして $\lambda_i \geq 0$ が成り立つこと）によります．

この式の意味するところは深遠です．すなわち，もともと最大化しようと思っていた関数 $f(\boldsymbol{x})$ の上界は $\ell(\boldsymbol{\lambda}, \boldsymbol{\mu})$ を超えることができず，逆に，この関数 $\ell(\boldsymbol{\lambda}, \boldsymbol{\mu})$ は $f(\boldsymbol{x})$ を超えて小さくなることができません．これが無条件に成り立つ条件であるならば，$\ell(\boldsymbol{\lambda}, \boldsymbol{\mu})$ をどんどん小さくしてゆけば，いつかは $f(\boldsymbol{x})$ がとり得る最高値に到達できるのではないかと思われます．すなわち，問題

$$\ell(\boldsymbol{\lambda}, \boldsymbol{\mu}) \to \text{最小化} \quad \text{subject to} \quad \lambda_1, \ldots, \lambda_C \geq 0 \tag{6.25}$$

を解くことにより，もとの問題 (6.21) の解が得られる可能性があるのではないかと想像できます．

これは実際に成り立ちます．ある適切な条件のもと，$\ell(\boldsymbol{\lambda}, \boldsymbol{\mu})$ の下界が $f(\boldsymbol{x})$ の上界に接しており，その点が双方の最適解を与えていることを示すことができます．これは応用数学における最も美しい結果の 1 つだと思います．もとの問題 (6.21) を**主問題**（primal problem），ラグランジュ乗数を変数に持つこの新しい問題 (6.25) を**双対問題**（dual problem）と呼びます．

アルゴリズム 6.1 双対問題を介した最適化問題 (6.21) の解法

1. 式 (6.22) のラグランジュ関数 $L(\boldsymbol{x}, \boldsymbol{\lambda}, \boldsymbol{\mu})$ について，$\frac{\partial L(\boldsymbol{x}, \boldsymbol{\lambda}, \boldsymbol{\mu})}{\partial \boldsymbol{x}} = \boldsymbol{0}$ を使って，$\boldsymbol{x}$ を，解析的に $\boldsymbol{\lambda}, \boldsymbol{\mu}$ の式で表現する．それを $\boldsymbol{x} = \boldsymbol{u}(\boldsymbol{\lambda}, \boldsymbol{\mu})$ などと書いておく．
2. その $\boldsymbol{x}$ を $L(\boldsymbol{x}, \boldsymbol{\lambda}, \boldsymbol{\mu})$ に代入して，関数 $\ell(\boldsymbol{\lambda}, \boldsymbol{\mu})$ を作る．
3. $\ell(\boldsymbol{\lambda}, \boldsymbol{\mu})$ についての制約つき最小化問題 (6.25) を解き，解 $\boldsymbol{\lambda}^*, \boldsymbol{\mu}^*$ を求める．
4. もとの問題の解を $\boldsymbol{x}^* = \boldsymbol{u}(\boldsymbol{\lambda}^*, \boldsymbol{\mu}^*)$ として求める．

双対問題には変数の非負条件以外の制約がなく，単純な形をしています．もし，式 (6.23) をもとにした $\boldsymbol{x}$ から $\boldsymbol{\lambda}, \boldsymbol{\mu}$ への「変数変換」が解析的に簡単に求まるのなら，双対問題にいったん移り問題を解き，その「変数変換」を介してもとの問題の解を得る，という手順がしばしば有効です．これを手順としてアルゴリズム 6.1 にまとめておきます．

6.2 節で実行したのはまさにこの手順です．もとの変数 $\boldsymbol{x}$ に当たるのが $R^2, \boldsymbol{b}, \boldsymbol{u}$ で，ラグランジュ乗数が $\boldsymbol{\alpha}, \boldsymbol{\beta}$ に当たります．この手順は，支持ベクトル分類器（サポートベクトルマシン）など，機械学習の多くの手法で活用されています．

Chapter 7

方向データの異常検知

実問題を解く上では，観測値の規格化・標準化はほとんど常に行われます．たとえば 1 ページの文書と 100 ページの文書を比べるために，単語の頻度ベクトルを規格化して眺めたくなることもあるでしょう．このような場合，正規分布による扱いは数学的にも実用的にも妥当ではありません．本章では，方向データ，すなわち，長さが揃ったベクトルからの異常検知という問題を考えます．方向データの世界では，フォンミーゼス・フィッシャー分布という分布が中心的な役割を担います．この分布を使うと異常度が具体的にどう計算されるかが見所です．

7.1 長さが揃ったベクトルについての分布

本章で考えるのは，訓練データとして，長さ 1 の M 次元ベクトル N 本からなるデータが $\mathcal{D} = \{\boldsymbol{x}^{(1)}, \dots, \boldsymbol{x}^{(N)}\}$ のように与えられている状況です．長さ 1 ということは，任意の n について $\boldsymbol{x}^{(n)\top}\boldsymbol{x}^{(n)} = 1$ が成り立つということです．これは「方向だけに情報があるベクトル」ともいえます．この意味で，上記のデータ $\mathcal{D}$ をしばしば**方向データ**（directional data）と呼びます．N が十分大きければ，ベクトルの先端点は，球面上に濃淡の模様をつけることでしょう（図 7.1 参照）．正規分布では，球面上に拘束されたぺらぺらな雲のような分布を表現することはできませんので，このばらつきをモデル化する場合は，別の確率分布を使う必要があります．

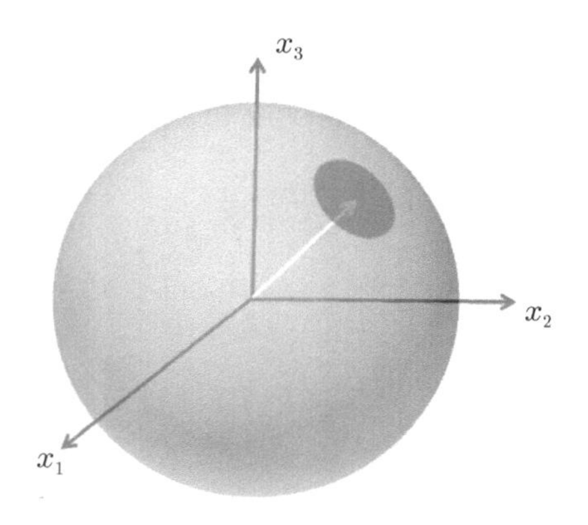

図 7.1 球面上に分布するデータ点の説明（$M=3$ 次元の場合）.

このような長さが揃ったベクトルを表現するために最も自然な分布は，**フォンミーゼス・フィッシャー分布**（von Mises-Fisher distribution）です．この分布は，**平均方向**（mean direction）と**集中度**（concentration parameter）という 2 つのパラメターを持ちます．それぞれ $\boldsymbol{\mu}$ および κ と表すと，その確率密度関数 $\mathcal{M}(\boldsymbol{x} \mid \boldsymbol{\mu}, \kappa)$ は次のようになります．

$$\mathcal{M}(\boldsymbol{x} \mid \boldsymbol{\mu}, \kappa) = \frac{\kappa^{M/2-1}}{(2\pi)^{M/2} I_{M/2-1}(\kappa)} \exp\left(\kappa \boldsymbol{\mu}^\top \boldsymbol{x}\right) \tag{7.1}$$

ただし，平均方向 $\boldsymbol{\mu}$ もまた単位ベクトルで，$\boldsymbol{\mu}^\top \boldsymbol{\mu} = 1$ を満たします．また，分母の $I_{(M/2)-1}(\kappa)$ は，**第 1 種変形ベッセル関数**（modified Bessel function of the first kind）です．一般に α 階の第 1 種変形ベッセル関数 I_α は次のように定義されます．

$$I_\alpha(\kappa) = \frac{2^{-\alpha}\kappa^\alpha}{\sqrt{\pi}\Gamma\big(\alpha + (1/2)\big)} \int_0^\pi \mathrm{d}\phi\ \sin^{2\alpha}\phi\ \mathrm{e}^{\kappa \cos\phi} \tag{7.2}$$

$M=10$ および $\kappa = 0.5, 1.0, 2.0, 3.0$ に対して，$\boldsymbol{x}$ と $\boldsymbol{\mu}$ との間の角度 θ の関数として $\mathcal{M}(\boldsymbol{x} \mid \boldsymbol{\mu}, \kappa)$ の値を計算してみると**図 7.2** のようになります．これからわかる通り，κ が大きくなると θ のばらつきは小さくなります．したがって，文字通り集中度とは平均方向への集中度合いを表すパラメターです．

フォンミーゼス・フィッシャー分布は，球面上の正規分布ともいえる分布

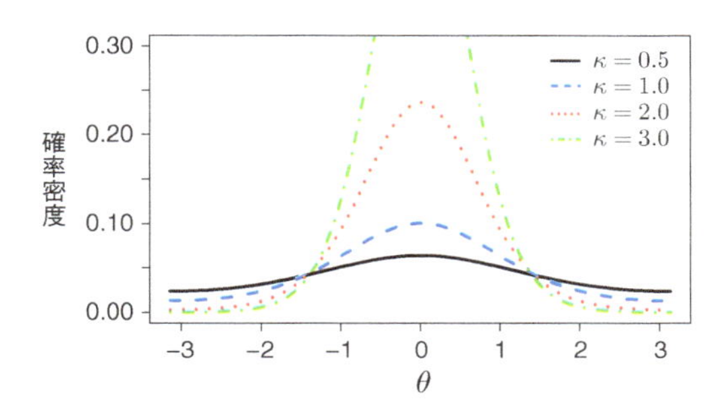

図 7.2 フォンミーゼス・フィッシャー分布の確率密度関数（$M = 10$）．集中度を $0.5, 1, 2, 3$ と増やすと $\theta = 0$ で尖った分布になる．

です．平均方向とその周りのばらつきを与えたときに，最も表現能力が高い分布であること，いい換えると最も偏見の少ない分布であることを示せます（7.5 節）．したがって，特に理由がない場合，方向データのモデリングのためにはこの分布を使うのが無難です．

7.2 平均方向の最尤推定

$\mathcal{M}(\boldsymbol{x} \mid \boldsymbol{\mu}, \kappa)$ に含まれる 2 つのパラメターをデータ $\mathcal{D}$ から決めることを考えましょう．表記の簡素化のために，式 (7.1) における係数を $c_M(\kappa)$ と表しておきます．すなわち

$$c_M(\kappa) = \frac{\kappa^{M/2-1}}{(2\pi)^{M/2} I_{M/2-1}(\kappa)} \tag{7.3}$$

です．これを使うと，$\mathcal{D}$ に基づく尤度を，次のように書けます．

$$L(\boldsymbol{\mu}, \kappa \mid \mathcal{D}) = \ln \prod_{n=1}^{N} c_M(\kappa) \mathrm{e}^{\kappa \boldsymbol{\mu}^\top \boldsymbol{x}^{(n)}} = \sum_{n=1}^{N} \left\{ \ln c_M(\kappa) + \kappa \boldsymbol{\mu}^\top \boldsymbol{x}^{(n)} \right\}$$

条件 $\boldsymbol{\mu}^\top \boldsymbol{\mu} = 1$ をラグランジュ係数 λ を使って取り込むと，$\boldsymbol{\mu}$ についての最尤方程式

$$0 = \frac{\partial}{\partial \boldsymbol{\mu}} \left\{ L(\boldsymbol{\mu}, \kappa \mid \mathcal{D}) - \lambda \boldsymbol{\mu}^\top \boldsymbol{\mu} \right\} = \kappa \sum_{n=1}^{N} \boldsymbol{x}^{(n)} - 2\lambda \boldsymbol{\mu}$$

が得られます．これを条件 $\boldsymbol{\mu}^\top \boldsymbol{\mu} = 1$ と連立させることで，$\boldsymbol{\mu}$ の最尤推定値 $\hat{\boldsymbol{\mu}}$ が，ただちに

$$\hat{\boldsymbol{\mu}} = \frac{\boldsymbol{m}}{\sqrt{\boldsymbol{m}^\top \boldsymbol{m}}}, \quad \text{ただし} \quad \boldsymbol{m} \equiv \frac{1}{N} \sum_{n=1}^{N} \boldsymbol{x}^{(n)} \tag{7.4}$$

と得られます．つまり，単に方向データ $\{\boldsymbol{x}^{(n)}\}$ の「標本平均」を作り，ただそのままではベクトルの長さが 1 になるとは限らないので，そうなるように規格化したものです．

もう 1 つのパラメターである集中度 κ は，ベッセル関数の中に入り込んでいるので，最尤推定は解析的にはできません．数値最適化を用いたり，近似式を用いたりといった工夫が必要になります．しかし異常検知という目的のためには，κ を最尤推定で明示的に求める必要は必ずしもありません．次節においてフォンミーゼス・フィッシャー分布を用いた異常検知の枠組みを説明します．

7.3 方向データの異常度とその確率分布

新たな方向データ $\boldsymbol{x}'$ が来たときの，$\boldsymbol{x}'$ の異常度について考えます．本書で採用している異常度の一般的な枠組みに従えば，これは $\mathcal{M}(\boldsymbol{x}' \mid \hat{\boldsymbol{\mu}}, \kappa)$ の負の対数尤度から，

$$a(\boldsymbol{x}') = 1 - \hat{\boldsymbol{\mu}}^\top \boldsymbol{x}' \tag{7.5}$$

と定義することができます．ここで，式の形がきれいになるように係数と付加定数を調整しました．

データ $\mathcal{D} = \{\boldsymbol{x}^{(n)} \mid n = 1, \ldots, N\}$ および新たな観測値 $\boldsymbol{x}'$ が独立にフォンミーゼス・フィッシャー分布に従うという前提のもとで，この異常度の確率分布を求めましょう．ホテリングの T^2 法と同様，このためには，

(1) 最尤推定量 $\hat{\boldsymbol{\mu}}$ の確率分布，

(2) $\hat{\boldsymbol{\mu}}^\top \boldsymbol{x}'$ の確率分布，

が必要です．

まず，$\hat{\boldsymbol{\mu}}$ の分布ですが，これは平均 $\boldsymbol{\mu}$ のフォンミーゼス・フィッシャー分布に従うことが証明できます [18]．直感的には明らかな結果だと思います．

式 (7.1) によれば，各標本は，平均方向 $\boldsymbol{\mu}$ の周りに，$\exp(\kappa\cos\theta)$ に比例した確率密度でばらつくことがわかります．ここで θ は，$\boldsymbol{\mu}$ と標本 $\boldsymbol{x}^{(n)}$ とのなす角です．コサインは 0 の周りに対称な関数ですから，角度のプラス側とマイナス側で出方に違いはありません．したがって，N が十分大きいとき，方向データの最尤推定量は $\boldsymbol{\mu}$ に一致するはずです．本来は，中心 $\boldsymbol{\mu}$ の周りのばらつきも考慮すべきですが，ここでは κ および N がともに大きく，そのばらつきを無視できると考えましょう．すると $\hat{\boldsymbol{\mu}}$ を，$\boldsymbol{\mu}$ の正確な推定値とみなせます．

この前提で異常度の確率分布について考えます．問題は，$\mathcal{M}(\hat{\boldsymbol{\mu}},\kappa)$ に従う $\boldsymbol{x}'$ があるときに，平均方向 $\hat{\boldsymbol{\mu}}$ 周りのばらつきが小さいという仮定のもと，$a(\boldsymbol{x}')=1-\hat{\boldsymbol{\mu}}^\top\boldsymbol{x}'$ の確率分布を求めることです．

変換公式 (2.19) を利用すると，求める確率分布 $p(a)$ を形式的に

$$p(a)=\int_{S_M}\mathrm{d}\boldsymbol{x}\;\delta\big(a-(1-\hat{\boldsymbol{\mu}}^\top\boldsymbol{x})\big)\;c_M(\kappa)\exp\left(\kappa\hat{\boldsymbol{\mu}}^\top\boldsymbol{x}\right)$$

と表せます．S_M は M 次元空間における単位球の表面を表します．ここで，$\hat{\boldsymbol{\mu}}$ を極軸とする球座標系を考えると[*1] $\hat{\boldsymbol{\mu}}^\top\boldsymbol{x}=\cos\theta_1$ が成り立ち，a に関係しない係数を省いて書くと

$$\begin{aligned}p(a)&\propto\int_0^\pi\mathrm{d}\theta_1\;\sin^{M-2}\theta_1\;\delta\big(a-(1-\cos\theta_1)\big)\;\exp\left(\kappa\cos\theta_1\right)\\&\propto(2a-a^2)^{(M-3)/2}\exp\left(\kappa(1-a)\right)\end{aligned}$$

のように積分を実行できます．なお，2 行目は，置換積分 $u=\cos\theta_1$ と，デルタ関数の基本性質 (2.20) を使いました．今の仮定のもとでは，$a\ll1$ が成り立ちますから，a についての非自明な最低次の近似において，

$$p(a)\propto a^{\{(M-1)/2\}-1}\exp\left(-\kappa a\right)$$

が成り立ちます．カイ 2 乗分布の定義式 (2.10) を思い出すと，$p(a)$ が，自由度 $M-1$，スケール因子 $1/(2\kappa)$ のカイ 2 乗分布にほかならないことがわかります．この結果を定理の形でまとめておきましょう．

---

*1 球座標への変換についての説明は後述の 7.5 節にまとめています．

定理 7.1（方向データの異常度の確率分布）

$\boldsymbol{x}' \sim \mathcal{M}(\boldsymbol{\mu}, \kappa)$ のとき，κ が十分大きければ，近似的に

$$1 - \boldsymbol{\mu}^\top \boldsymbol{x}' \ \sim \ \chi^2\left(M-1, \frac{1}{2\kappa}\right) \tag{7.6}$$

この結果において，左辺は最尤推定値 $\hat{\boldsymbol{\mu}}$ をもとに計算可能な量ですが，右辺において κ は未知のパラメターとして残っています．これではどうしようもないと一見思えますが，ここで発想を転換します．すなわち，異常度 a がカイ 2 乗分布に従うということがわかっているのなら，訓練データをもとに式 (7.6) の左辺を求め，それにカイ 2 乗分布を当てはめることで逆に未知のパラメターを推定することにします．これは次の節で説明しましょう．

7.4　積率法によるカイ 2 乗分布の当てはめ

定理 7.1 によれば，$\boldsymbol{x}^{(n)}$ について，異常度 $a(\boldsymbol{x}^{(n)})$ を式 (7.5) にて計算したとすると，それらは，カイ 2 乗分布に従う独立な標本とみなせます*2．カイ 2 乗分布のパラメターを推定するために実用上便利な方法として，**積率法**（method of moments）または**モーメント法**という方法があります．これを説明しましょう．

積率とは，確率変数のべき乗の期待値のことです．積率をカイ 2 乗分布のパラメターで表現し，それらを，データから求められた数値と等置することで，未知パラメターを求める，というのが作戦です．今，改めて，

$$a^{(1)}, \ldots, a^{(N)} \ \sim \ \chi^2(m, s)$$

と置くことにします．カイ 2 乗分布の定義 (2.10) に従えば，異常度 a の 1 次の積率 $\langle a \rangle$ は，$\Gamma((m/2)+1) = (m/2)\,\Gamma(m/2)$ に注意すると

*2　厳密にいえば，異常度の評価に使う $\boldsymbol{x}^{(n)}$ は，$\hat{\boldsymbol{\mu}}$ の推定に使ったデータと独立である必要があります．すなわち，$\hat{\boldsymbol{\mu}}$ を計算するための訓練データと，異常度を計算するための訓練データを別途 2 つ用意する必要があります．ただし，N が非常に大きい場合，実用上はこの違いを無視できる場合がほとんどですので，以下では単一の訓練データに基づく前提で議論を進めます．

$$\langle a \rangle = \int_0^\infty \mathrm{d}a\ a\ \chi^2(a \mid m, s) = ms$$

と計算できます．積分の実行にはカイ 2 乗分布の規格化条件を使いました．同様に，2 次の積率 $\langle a^2 \rangle$ についても

$$\langle a^2 \rangle = \int_0^\infty \mathrm{d}a\ a^2\ \chi^2(a \mid m, s) = m(m+2)s^2$$

と簡単に求まります．一方，1 次と 2 次の積率は，$a^{(1)}, \ldots, a^{(N)}$ からも直接

$$\langle a \rangle \approx \frac{1}{N}\sum_{n=1}^{N} a^{(n)}, \quad \langle a^2 \rangle \approx \frac{1}{N}\sum_{n=1}^{N} {a^{(n)}}^2 \tag{7.7}$$

のように評価できます．両者を等置することで，ただちに

$$\hat{m}_{\mathrm{mo}} = \frac{2\langle a \rangle^2}{\langle a^2 \rangle - \langle a \rangle^2} \tag{7.8}$$

$$\hat{s}_{\mathrm{mo}} = \frac{\langle a^2 \rangle - \langle a \rangle^2}{2\langle a \rangle} \tag{7.9}$$

が得られます．添え字 mo は積率法による推定であることを示します．

式 (7.8) で推定されたカイ 2 乗分布の自由度は，多くの場合，定理 7.1 で想定する値 $M-1$ よりもかなり小さくなります．これは，実データではしばしば，見かけ上の次元 M が大きくても，データの主要なばらつきが一部の変数に集中している，ということが起こるからです．この意味で，$\hat{m}_{\mathrm{mo}}$ は系の**有効次元**（effective dimension）と呼ぶことができます．

以上まとめると，方向データの異常検知の手順はアルゴリズム 7.1 のようになります．この手法は，たとえばコンピュータシステムの監視業務への応用例があります [10]．また，フォンミーゼス・フィッシャー分布の混合モデルを作り，EM 法でパラメター推定を行うことで，クラスタリングや分類，異常検知に適用することが可能です．最近の文献としては Gopal ら [6] などがあります．

アルゴリズム 7.1 方向データの異常検知

- **訓練時.** 異常度の確率分布をデータから学習する.
  1. 訓練データ $\mathcal{D} = \{\boldsymbol{x}^{(n)} \mid n = 1, \ldots, N\}$ に対して，最尤推定値 $\hat{\boldsymbol{\mu}}$ を式 (7.4) にて計算する.
  2. 各標本 $\boldsymbol{x}^{(n)}$ について，異常度 $a(\boldsymbol{x}^{(n)})$ を式 (7.5) にて計算する.
  3. 積率法を用いて，計算された異常度 $a(\boldsymbol{x}^{(1)}), \ldots, a(\boldsymbol{x}^{(N)})$ に対しカイ 2 乗分布 $\chi^2(\hat{m}_{\mathrm{mo}}, \hat{s}_{\mathrm{mo}})$ を当てはめる.
- **運用時.** 当てはめられたカイ 2 乗分布をもとに，異常度の閾値 a_{th} を求めておく.
  1. 観測データ $\boldsymbol{x}'$ に対して，異常度 $a(\boldsymbol{x}')$ を式 (7.5) にて計算する.
  2. $a(\boldsymbol{x}') > a_{\mathrm{th}}$ なら異常と判定，警報を出す.

7.5 補足: フォンミーゼス・フィッシャー分布の性質

7.1 節では，M 次元空間における単位ベクトル $\boldsymbol{x}$ の「自然な」確率密度関数として，次のフォンミーゼス・フィッシャー分布

$$\mathcal{M}(\boldsymbol{x} \mid \boldsymbol{\mu}, \kappa) = \frac{\kappa^{M/2-1}}{(2\pi)^{M/2} I_{M/2-1}(\kappa)} \exp\left(\kappa \boldsymbol{\mu}^\top \boldsymbol{x}\right)$$

を天下り式に示しました．本節では，この分布関数の出所を理解するために，次の定理を証明します．

定理 7.2（フォンミーゼス・フィッシャー分布の特徴づけ）

M 次元空間の単位ベクトル $\boldsymbol{x}$ が確率変数として確率密度関数 p に従うとする．$\boldsymbol{x}$ の期待値がある単位ベクトル $\boldsymbol{\mu}$ に比例するという拘束のもとで，エントロピーを最大にする p は，平均方向 $\boldsymbol{\mu}$ のフォンミーゼス・フィッシャー分布である．

確率密度関数 p は次の変分問題（1.5 節参照）の解として求められます．

$$\int_{S_M} \mathrm{d}\boldsymbol{x}\, \{-p(\boldsymbol{x}) \ln p(\boldsymbol{x})\} \quad \to \quad \text{最大化} \tag{7.10}$$

$$\text{subject to} \quad \int_{S_M} \mathrm{d}\boldsymbol{x}\, p(\boldsymbol{x}) = 1 \quad \text{および} \quad \int_{S_M} \mathrm{d}\boldsymbol{x}\, \boldsymbol{x}\, p(\boldsymbol{x}) = \rho\boldsymbol{\mu} \tag{7.11}$$

ただし S_M は M 次元空間での単位球面，ρ は正の定数で，これはあらかじめ数値として与えていると考えます．後で示すように ρ はフォンミーゼス・フィッシャー分布の集中度を規定します．

式 (7.11) の 2 つの拘束条件をラグランジュ乗数で取り込むと，最適な p は

$$\int_{S_M} \mathrm{d}\boldsymbol{x}\ \left\{-p(\boldsymbol{x}) \ln p(\boldsymbol{x}) + \boldsymbol{\nu}^\top \boldsymbol{x}\, p(\boldsymbol{x}) + \lambda p(\boldsymbol{x})\right\}$$

を最大化する関数として求められます．ここで式 (7.11) の後者は M 次元ベクトルの満たすべき M 本の条件式なので，ラグランジュ乗数も M 個必要で，それを M 次元ベクトル $\boldsymbol{\nu}$ で表していることに注意します．未知関数 p の 1 次変分が 0 である条件から，この変分問題の解は

$$p(\boldsymbol{x}) = C \exp\left(\boldsymbol{\nu}^\top \boldsymbol{x}\right) \tag{7.12}$$

の形となっていることがただちにわかります．

定数 C と $\boldsymbol{\nu}$ を決めるために，まず，式 (7.11) の前者，確率密度の規格化条件を考えます．明示的に書くと

$$\int_{S_M} \mathrm{d}\boldsymbol{x}\, C \exp\left(\boldsymbol{\nu}^\top \boldsymbol{x}\right) = 1$$

です．この積分を実行するために，$\boldsymbol{\nu}$ を極軸とする M 次元の球座標に移り

ます．この場合，動径成分は1で固定されていますから積分には関係ありません．残るは M 次元空間における単位球面上の面積要素 $\mathrm{d}S_M$ についての積分ですが，図7.3から理解できる通り，$\mathrm{d}S_M$ と，$M-1$ 次元空間における単位球の面積要素との間には入れ子関係があることに注意します．すなわち，極角を θ_1 とすると

$$\mathrm{d}\boldsymbol{x}_{単位球上} = \mathrm{d}S_M = \mathrm{d}\theta_1 \sin^{M-2}\theta_1 \mathrm{d}S_{M-1} \tag{7.13}$$

が成り立ちます．なぜなら，極角 θ_1 により，極軸を除いた座標系には，「半径」$\sin\theta_1$ が与えられますが，半径 r の $M-1$ 次元球の表面積は r^{M-2} に比例するからです．これを使うと，規格化条件の積分は

$$1 = \int_0^{\pi} \mathrm{d}\theta_1 \ \sin^{M-2}\theta_1 \ C\mathrm{e}^{\nu\cos\theta_1} \int \mathrm{d}S_{M-1}$$

となります．ここで $\nu = \sqrt{\boldsymbol{\nu}^\top \boldsymbol{\nu}}$ と置き，$\boldsymbol{\nu}^\top \boldsymbol{x} = \nu\cos\theta_1$ を使いました．2番目の積分は，$M-1$ 次元空間における単位球の表面積ですから，式(2.14)同様

$$S_{M-1} \equiv \int \mathrm{d}S_{M-1} = \frac{2\pi^{(M-1)/2}}{\Gamma((M-1)/2)} \tag{7.14}$$

となります．θ_1 についての積分は，式(7.2)で示した第1種変形ベッセル関数の積分そのものですから，結局，

$$C = \frac{\nu^{M/2-1}}{(2\pi)^{M/2} I_{M/2-1}(\nu)}$$

となります．これは式(7.3)で与えた $\mathcal{M}(\boldsymbol{x} \mid \boldsymbol{\mu}, \nu)$ の係数 $c_M(\nu)$ にほかなりません．結局，$p(\boldsymbol{x}) = c_M(\nu)\exp\left(\boldsymbol{\nu}^\top \boldsymbol{x}\right)$ であることがわかりました．

残る定数である $\boldsymbol{\nu}$ は，式(7.11)の後者，方向の期待値についての条件から決めます．今，ベクトルの大きさ ν を分離して $\boldsymbol{\nu} = \nu\boldsymbol{v}$ と表すと $\boldsymbol{v}$ は単位ベクトルとなります．$\boldsymbol{v}$ について

$$\boldsymbol{v} = \boldsymbol{\mu} \tag{7.15}$$

が成り立つことが次の簡単な考察からわかります．$\boldsymbol{v}$ が，M 次元直交行列 U を用いて $\boldsymbol{v} = \mathsf{U}\boldsymbol{\mu}$ のように $\boldsymbol{\mu}$ と結ばれるとします．方向についての条件式に，上で求めた結果 $p(\boldsymbol{x}) = c_M(\nu)\exp\left(\nu\boldsymbol{v}^\top \boldsymbol{x}\right)$ と $\boldsymbol{v} = \mathsf{U}\boldsymbol{\mu}$ を代入し，積分

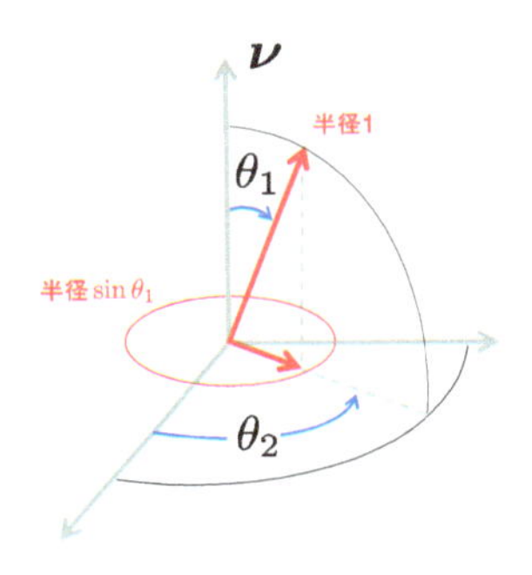

図 7.3　極座標変換の説明．$M = 3$ 次元の場合．極角 θ_1 を固定した場合，x-y 平面における積分範囲は，$\sin\theta_1$ を半径とする円（2 次元球）になっている．

変数を $\boldsymbol{y} = \mathsf{U}^\top \boldsymbol{x}$ に変換することで

$$\int_{S_M} \mathrm{d}\boldsymbol{y}\ \boldsymbol{y}\ c_M(\nu)\exp\left(\nu\boldsymbol{\mu}^\top\boldsymbol{y}\right) = \rho\mathsf{U}^\top\boldsymbol{\mu} \tag{7.16}$$

となります．左辺ではこの変数変換のヤコビアンが 1 であることを使っています．これがもとの条件式と矛盾しないためには，右辺においては U は M 次元単位行列 I_M でなければなりません．したがって，$\boldsymbol{v} = \boldsymbol{\mu}$ でなければなりません．

この結果を使った上で，上式の両辺に $\boldsymbol{\mu}^\top$ をかけると

$$\int_{S_M} \mathrm{d}\boldsymbol{x}\ \boldsymbol{\mu}^\top\boldsymbol{x}\ c_M(\nu)\exp\left(\nu\boldsymbol{\mu}^\top\boldsymbol{x}\right) = \rho \tag{7.17}$$

となります．先ほどと同様式 (7.13) を使い，1 回部分積分をすると

$$(\text{左辺}) = \frac{\nu c_M(\nu) S_{M-1}}{M-1}\int_0^\pi \mathrm{d}\theta_1\ \sin^M\theta_1\ \mathrm{e}^{\nu\cos\theta_1}$$

となります．第 1 種変形ベッセル関数の定義 (7.2) を使って積分を消去し，S_{M-1} には式 (7.14)，さらに，ガンマ関数の一般的性質 $\Gamma(s+1) = s\Gamma(s)$ を使うと，多少の計算の後，結局

$$\frac{I_{M/2}(\nu)}{I_{M/2-1}(\nu)} = \rho \tag{7.18}$$

が得られます．解析的に解は求まらないのですが，ν は，この方程式を満たす

ように決めることができます．これで，確率分布 p がフォンミーゼス・フィッシャー分布 $\mathcal{M}(\boldsymbol{x} \mid \boldsymbol{\mu}, \nu)$ に完全に一致していることが証明できました．

Chapter 8

ガウス過程回帰による異常検知

本章では，入力と出力の対が観測できる系に関する異常検知技術を考えます．この場合，入力と出力の関係を，応答曲面（ないし回帰曲線）という形でモデル化し，それからの外れ，という形で異常を理解します．実用上，しばしば，入力と出力の関係は非線形となります．この章では，非線形回帰技術のうちで工学的に応用範囲の広いガウス過程回帰という手法を紹介します．

8.1 入出力がある場合の異常検知の考え方

本章では $\mathcal{D} = \{(\boldsymbol{x}^{(1)}, y^{(1)}), \ldots, (\boldsymbol{x}^{(N)}, y^{(N)})\}$ のような入力と出力の対からなる異常検知の問題を考えます．y はたとえばエンジン出力のような実数値です（異常・正常のフラグではありません）．話を単純にするため，y はスカラー，入力 $\boldsymbol{x}$ のほうは M 次元とします．

入力と出力の双方が観測される場合，最も自然な異常検知の方法は，与えられた入力に対して出力を眺めて，それが通常のふるまいにより期待される値から大幅にずれているかどうかを見る，というものだと思います（図 8.1）．この意味でこの問題を**応答異常**（response anomaly）検知問題と呼ぶこともできるでしょう．

入力に対する出力の関数 f が既知ならこれは単純な作業ですが，一般には関数 f と，観測の際含まれるであろうノイズの双方をデータから学習しなけ

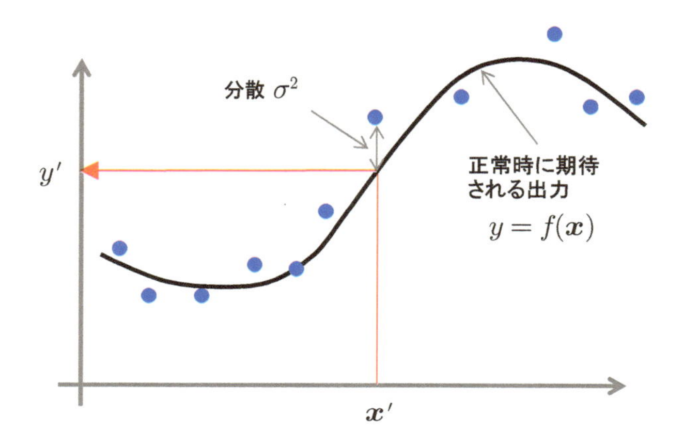

図 8.1　応答異常検知問題の説明．回帰モデルによる予測からの大幅なずれを検出する．

ればなりません．これは，任意の入力 $\boldsymbol{x}$ に対してその出力 y の確率分布を求める問題です．一般にこれを**回帰**（regression）ないし回帰問題と呼びます．工学の多くの分野で，関数 $f(\boldsymbol{x})$ を**応答曲面**（response surface）と呼びます．回帰とは応答曲面を求める問題です．

入力と出力を含むデータに対する異常検知の問題は，（確率的）回帰問題ないし応答曲面法をその部分として含み，それに加えて，異常度と閾値の適切な定義というタスクが加わります．以下では，非常に汎用性の高い非線形回帰手法である，**ガウス過程回帰**（Gaussian process regression）という手法を紹介します．

8.2　ガウス過程の観測モデルと事前分布

ガウス過程回帰では，任意の $\boldsymbol{x}$ を与えたときに，系の応答 y を返すモデル，すなわち応答曲面を，平面や 2 次曲面といった特定の関数を仮定せずに，確率モデルの形で構築するのが目標です．任意の座標 $\boldsymbol{x}$ における応答曲面（1 次元の場合は曲線）の出力を $f(\boldsymbol{x})$ とします．ガウス過程回帰のモデルは次の 2 つの要素からなります．

- 観測時のノイズを表す確率モデル

- 応答曲面の滑らかさを表現する事前分布

以下，それぞれについて説明します．

8.2.1 観測モデル

まず観測時のノイズを表すモデルですが，これは次のように正規分布として仮定します．

$$p(y \mid \boldsymbol{x}, \sigma^2) = \mathcal{N}(y \mid f(\boldsymbol{x}), \sigma^2) \tag{8.1}$$

つまり，実際の観測値は，応答の期待値 $f(\boldsymbol{x})$ の周りに，分散 σ^2 の正規分布でばらつく，と考えます．もともと正規分布は，ガウスが天文データを解析していたときに誤差を解析する手段として導入されたものですから，自然なモデル化だと思います．

もし何らかの手段を使って，入力 $\boldsymbol{x}$ における応答曲面の値 $f(\boldsymbol{x})$ の分布が，データ $\mathcal{D}$ から $p(f(\boldsymbol{x}) \mid \mathcal{D})$ のように得られていれば，

$$p(y \mid \boldsymbol{x}, \mathcal{D}, \sigma^2) = \int_{-\infty}^{\infty} \mathrm{d}f \, \mathcal{N}(y \mid f(\boldsymbol{x}), \sigma^2) \, p(f(\boldsymbol{x}) \mid \mathcal{D}) \tag{8.2}$$

のように最終的な解を得ることができます．この分布は，データ $\mathcal{D}$ をもとにして，任意の $\boldsymbol{x}$ に対する出力 y を確率的に予測する式なので，**予測分布**（predictive distribution）と呼ばれます．ガウス過程回帰の目標は，この予測分布を明示的に求めることです．

8.2.2 応答曲面の滑らかさを制御するモデル

ガウス過程回帰モデルの第 2 の要素が応答曲面の滑らかさに関するモデルです．任意の入力 $\boldsymbol{x}$ と $\boldsymbol{x}'$ における応答曲面の値を $f(\boldsymbol{x})$ と $f(\boldsymbol{x}')$ とします．このとき，$f(\boldsymbol{x})$ と $f(\boldsymbol{x}')$ が次のような確率分布に従う，というのがその内容です．

$$p\begin{pmatrix} f(\boldsymbol{x}) \\ f(\boldsymbol{x}') \end{pmatrix} = \mathcal{N}\left(\mathbf{0}, \begin{bmatrix} K(\boldsymbol{x}, \boldsymbol{x}) & K(\boldsymbol{x}, \boldsymbol{x}') \\ K(\boldsymbol{x}', \boldsymbol{x}) & K(\boldsymbol{x}', \boldsymbol{x}') \end{bmatrix}\right) \tag{8.3}$$

K はカーネル関数です．第 6 章の式 (6.9) で紹介した RBF カーネルの形を見るとわかる通り，カーネル関数は直感的には，「地点 $\boldsymbol{x}$ と地点 $\boldsymbol{x}'$ がどのくらい似ているか」を表す関数です．したがって，両地点の状況が似ていれば

似ているほど応答曲面の値 $f(\boldsymbol{x})$ と $f(\boldsymbol{x}')$ は強く相関していることがわかります．これはたとえば $\boldsymbol{x}$ が $\boldsymbol{x}'$ のすぐ隣にあれば $f(\boldsymbol{x}) \approx f(\boldsymbol{x}')$ だろう，という当然の直感を表しています．

式 (8.3) では，2 つの入力について式を書き下しましたが，一般に，N 個の入力

$$\boldsymbol{f}_N \equiv (f(\boldsymbol{x}^{(1)}), \ldots, f(\boldsymbol{x}^{(N)}))^\top \tag{8.4}$$

があった場合，$\boldsymbol{f}_N$ は

$$p(\boldsymbol{f}_N) = \mathcal{N}(\boldsymbol{f}_N \mid \boldsymbol{0}, \mathsf{K}) \tag{8.5}$$

のような事前分布（prior distribution）に従う，というのがガウス過程の基本的な想定です．ただし，K はその (i, j) 成分が $K(\boldsymbol{x}^{(i)}, \boldsymbol{x}^{(j)})$ で与えられるような行列です．入力が N 個なら当然 $N \times N$ 行列になりますし，2 個であれば式 (8.3) のように 2×2 行列になります．

極端な話，無限個の点を考えると無限次元の正規分布になります．このことは，ガウス過程のモデルが，本質的には関数 $f(\boldsymbol{x})$ の，関数としてのばらつきをモデル化したものであることを示しています．この点をよりはっきり説明するために，図 8.2 に $\boldsymbol{f}_N$ の様子を例示します．いわば横軸の x が次元を表すインデックスになっていて，縦軸が各次元の値の大きさです．隣り合った次元の値は近く，滑らかな曲線が表現されていることがわかります．これはあたかも，「関数の分布」から関数を標本抽出したようにも思えます．

ガウス過程の「過程（process）」という言葉は，歴史的には，時間 t の関数 $f(t)$ の，関数としてのばらつきを表現するために導入されました．「過程」という何か時間の進展を示唆する言葉になっているのはそのためです．

8.2.3 ガウス過程回帰の問題設定

ガウス過程回帰の最終的な目標は，観測時の分散 σ^2 と，データ $\mathcal{D}$ が与えられたときに，予測分布 $p(y \mid \boldsymbol{x}, \mathcal{D}, \sigma^2)$ を求めることです．最小 2 乗法による線形回帰では，回帰係数をデータから最尤推定するだけでいわば一発で話が終わりましたが，ガウス過程回帰の場合，最終的な結果を何段階かに分けて求めるのでやや複雑です．各部の詳細に行く前に，本項で方針を俯瞰的に理解しましょう．

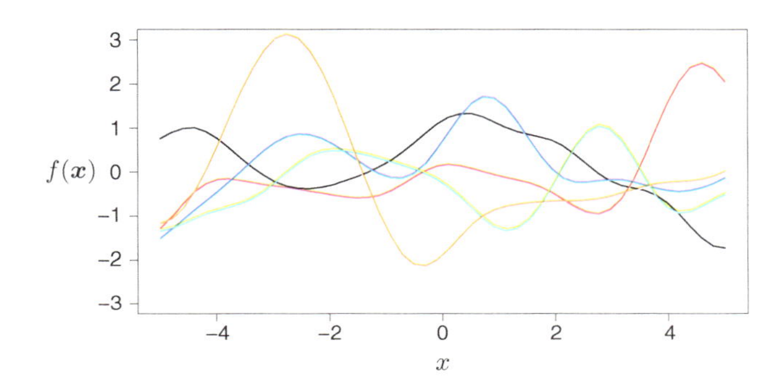

図 8.2 ガウス過程の事前分布 (8.5) から標本抽出された $f(\boldsymbol{x})$ の様子（$M = 1$）．式 (6.9) で $\sigma = 1$ とした RBF カーネルを使用．等間隔に $[-5, 5]$ の範囲で $N = 50$ 個の $\boldsymbol{x}$ を設定しているため，$p(\boldsymbol{f}_N)$ は 50 次元の多変量正規分布になり，そこから抽出した標本は 50 次元のベクトルとなる．

ガウス過程回帰において，データに当てはめるべき「パラメター」に当たるものは何でしょうか．事前分布 (8.5) の形から示唆される通り，データに当てはめるべき「パラメター」に当たるものを強いて挙げれば，応答曲面の値自体ということになります．$\boldsymbol{x}^{(1)}$ には $f^{(1)}$，$\boldsymbol{x}^{(2)}$ には $f^{(2)}, \ldots$ として，新たに $\boldsymbol{x}$ を得たらそれにも $f(\boldsymbol{x})$ を，という感じで，入力を与える箇所ごとに 1 つ「パラメター」を振ることになります．ガウス過程回帰は確率モデルですので，パラメターを値を 1 つ求めるというより，それぞれについて確率分布を求めます．予測分布に至るまであらすじは次の通りです．

- データ $\mathcal{D}$ をもとに，$\boldsymbol{f}_N$ の分布 $p(\boldsymbol{f}_N \mid \mathcal{D})$ を求める．
- $p(\boldsymbol{f}_N \mid \mathcal{D})$ と，応答曲面の滑らかさについての事前分布から，任意の $\boldsymbol{x}$ に対する応答曲面の値 $f(\boldsymbol{x})$ の確率分布 $p(f(\boldsymbol{x}) \mid \mathcal{D})$ を求める．
- 式 (8.2) を使って予測分布を得る．

上に述べた通り，ガウス過程回帰では入力ごとにパラメターを与えます．図 8.1 でいえば，横軸の各点ごとに応答曲面の値をパラメターとして与えている感じになります．補間多項式を作るイメージで考えると，これはズルではないか，そんなことをしたらデータに過適合する応答曲面になってしまうではないか，と思うかもしれません．これは当然の疑問ですが，心配はいりません．ガウス過程回帰では式 (8.5) のような事前分布により周囲の点と似た値にならなければならないといういわば偏見を回帰曲線に課すので，実質的なパラメターの数は標本の数よりもずっと小さくなります．これは 3.4 節でも説明した「データを話半分に聞く」例です．なお，補足として 8.7 節において，ガウス過程回帰とリッジ回帰のある種の等価性を示します．リッジ回帰は変数の数 M と同じ個数のパラメターを仮定するモデルでしたから，ガウス過程回帰もつまるところ同様ということです．

8.3 応答曲面の事後分布

前項に述べた手順にしたがって予測分布を求めてゆきます．最初のステップは，データ $\mathcal{D}$ をもとに，$\boldsymbol{f}_N$ の分布 $p(\boldsymbol{f}_N \mid \mathcal{D})$ を求めることです．これはベイズの定理を使って行えます．式 (3.11) で示したベイズの定理を，本章の記号を使って再掲すると次の通りです．

$$p(\boldsymbol{f}_N \mid \mathcal{D}) = \frac{p(\mathcal{D} \mid \boldsymbol{f}_N, \sigma^2)\, p(\boldsymbol{f}_N)}{\int \mathrm{d}\boldsymbol{f}'_N\, p(\mathcal{D} \mid \boldsymbol{f}'_N, \sigma^2)\, p(\boldsymbol{f}'_N)} \tag{8.6}$$

すなわち，$p(\boldsymbol{f}_N \mid \mathcal{D})$ は事後分布として求められます．さしあたり，観測モデルの分散 σ^2 は既知の定数と考え，左辺では省きました．

上式右辺の $p(\mathcal{D} \mid \boldsymbol{f}_N, \sigma^2)$ は今の場合，観測量 $\{y^{(1)}, \ldots, y^{(N)}\}$ の同時分布のことです．パラメター $\boldsymbol{f}_N$ に対する尤度といっても同じことです．観測を独立に繰り返したとすれば次のように書けます．

$$p(\mathcal{D} \mid \boldsymbol{f}_N, \sigma^2) = \prod_{n=1}^{N} \mathcal{N}(y^{(n)} \mid f^{(n)}, \sigma^2) = \mathcal{N}(\boldsymbol{y}_N \mid \boldsymbol{f}_N, \sigma^2 \mathsf{I}_N) \tag{8.7}$$

ここで，$f^{(n)}$ は $f(\boldsymbol{x}^{(n)})$ の略記です．また，式 (8.4) に対応して $\boldsymbol{y}_N \equiv (y^{(1)}, \ldots, y^{(N)})^\top$ と定義しました．I_N は N 次元単位行列です．

尤度 (8.7) も事前分布 (8.5) も正規分布なので，事後分布 $p(\boldsymbol{f}_N \mid \mathcal{D})$ は，正規分布に対するベイズの定理の結果から解析的に求まります．

次の 2 つの正規分布が与えられているとします．

$$p(\boldsymbol{y} \mid \boldsymbol{x}) = \mathcal{N}(\boldsymbol{y} \mid \mathsf{A}\boldsymbol{x} + \boldsymbol{b},\ \mathsf{D}) \tag{8.8}$$

$$p(\boldsymbol{x}) = \mathcal{N}(\boldsymbol{x} \mid \boldsymbol{\mu}, \Sigma) \tag{8.9}$$

このとき，ベイズの定理に基づいて $p(\boldsymbol{x} \mid \boldsymbol{y})$ および $p(\boldsymbol{y})$ を求めると次のようになります．

$$p(\boldsymbol{x} \mid \boldsymbol{y}) = \mathcal{N}\left(\boldsymbol{x} \;\middle|\; \mathsf{M}\left\{\mathsf{A}^\top \mathsf{D}^{-1}(\boldsymbol{y} - \boldsymbol{b}) + \Sigma^{-1}\boldsymbol{\mu}\right\}, \mathsf{M}\right) \tag{8.10}$$

$$p(\boldsymbol{y}) = \mathcal{N}(\boldsymbol{y} \mid \mathsf{A}\boldsymbol{\mu} + \boldsymbol{b},\ \mathsf{D} + \mathsf{A}\Sigma\mathsf{A}^\top) \tag{8.11}$$

ただし，M は次式で定義されます．

$$\mathsf{M} \equiv (\mathsf{A}^\top \mathsf{D}^{-1}\mathsf{A} + \Sigma^{-1})^{-1} \tag{8.12}$$

証明は姉妹書 [9] を参照してください．

今の場合，$\boldsymbol{f}_N$ と $\boldsymbol{y}_N$ を「裏返す」ことが目的なので，公式 (8.10) において，$\boldsymbol{x}$ を $\boldsymbol{f}_N$ と同一視した上で

$$\boldsymbol{y} \leftarrow \boldsymbol{y}_N,\ \ \mathsf{A} \leftarrow \mathsf{I}_N,\ \ \boldsymbol{b} \leftarrow \boldsymbol{0},\ \ \mathsf{D} \leftarrow \sigma^2\mathsf{I}_N,\ \ \boldsymbol{\mu} \leftarrow \boldsymbol{0},\ \ \Sigma \leftarrow \mathsf{K}$$

と置き換えると，

$$p(\boldsymbol{f}_N \mid \mathcal{D}) = \mathcal{N}\left(\boldsymbol{f}_N \;\middle|\; \frac{1}{\sigma^2}\mathsf{M}\boldsymbol{y}_N, \mathsf{M}\right) \tag{8.13}$$

が得られます．ただし，$\mathsf{M} = [(1/\sigma^2)\mathsf{I}_N + \mathsf{K}^{-1}]^{-1}$ です．この行列は，逆行列の逆，という感じで見栄えが悪いので，次のいわゆる**ウッドベリー行列恒等式**（Woodbury matrix identity）を使って簡単な形にすることを考えます．

行列の積と逆行列が適切に定義できる行列について，以下の式が成り立ちます．

$$[\mathsf{A} + \mathsf{BDC}]^{-1} = \mathsf{A}^{-1} - \mathsf{A}^{-1}\mathsf{B}\left[\mathsf{D}^{-1} + \mathsf{C}\mathsf{A}^{-1}\mathsf{B}\right]^{-1}\mathsf{C}\mathsf{A}^{-1} \tag{8.14}$$

$$[\mathsf{A} + \mathsf{BDC}]^{-1}\mathsf{BD} = \mathsf{A}^{-1}\mathsf{B}\left[\mathsf{D}^{-1} + \mathsf{C}\mathsf{A}^{-1}\mathsf{B}\right]^{-1} \tag{8.15}$$

証明は姉妹書 [9] を参照してください．

式 (8.14) を使うと

$$\mathsf{M} = \sigma^2\{\mathsf{I}_N - \sigma^2(\mathsf{K} + \sigma^2\mathsf{I}_N)^{-1}\} \tag{8.16}$$

がただちに得られます．両辺に $(\mathsf{K} + \sigma^2\mathsf{I}_N)$ をかけることで，この式から $\mathsf{M}(\mathsf{K} + \sigma^2\mathsf{I}_N) = \sigma^2\mathsf{K}$ がいえますので，これからただちに

$$\mathsf{M} = \sigma^2\mathsf{K}(\mathsf{K} + \sigma^2\mathsf{I}_N)^{-1} \tag{8.17}$$

となります．

以上で $\boldsymbol{f}_N$ の事後分布が求まりました．この事後分布を式 (8.5) の事前分布と比べて，何が起こったかをよく理解しましょう．事後分布においては，観測ノイズを表す σ^2 が非常に小さければ，式 (8.17) からわかる通り，M は $\sigma^2\mathsf{I}_N$ に近くなり，その結果，式 (8.13) において $\boldsymbol{f}_N$ はほとんど $\boldsymbol{y}_N$ に張りつくことになります．**図 8.2** に示したような事前分布の野放図なばらつきが，データ $\mathcal{D}$ を与えることできゅっと絞られるということです．これはベイズ学習の重要なメカニズムです．

パラメターの事後分布が求められたら，次は，応答曲面そのものを求める問題，すなわち，$\mathcal{D}$ の中には必ずしもない任意の $\boldsymbol{x}$ が得られたときに，その分布を求める問題に進みましょう．

8.4　予測分布の導出

8.2.3 項で述べたあらすじにしたがって，いよいよ最終的な結果である予測分布を求めます．まず行うべきことは，$p(\boldsymbol{f}_N \mid \mathcal{D})$ と，応答曲面の滑らかさについての事前分布から，任意の $\boldsymbol{x}$ に対する応答曲面の値 $f(\boldsymbol{x})$ の確率分布 $p(f(\boldsymbol{x}) \mid \mathcal{D})$ を求めることです．先に求めた事後分布 $p(\boldsymbol{f}_N \mid \mathcal{D})$ から，形式的に次のように書き下せます．

$$p(f(\boldsymbol{x}) \mid \mathcal{D}) = \int \mathrm{d}\boldsymbol{f}_N \; p(f(\boldsymbol{x}) \mid \boldsymbol{f}_N)\, p(\boldsymbol{f}_N \mid \mathcal{D}) \tag{8.18}$$

ここで $p(f(\boldsymbol{x}) \mid \boldsymbol{f}_N)$ は，$\boldsymbol{f}_N$ が与えられた条件下での $f(\boldsymbol{x})$ の分布です．直感的には，N 個の観測データが与えられたときに，$\boldsymbol{x}$ に近い入力を探してその応答を調べれば $f(\boldsymbol{x})$ の目安がわかるはずですから，$\boldsymbol{f}_N$ が与えられた条件下での $f(\boldsymbol{x})$ の分布というのはいかにも計算できそうです．

式 (8.5) によれば，$f(\boldsymbol{x})$ と $\boldsymbol{f}_N$ の同時分布は

$$p\begin{pmatrix} f(\boldsymbol{x}) \\ \boldsymbol{f}_N \end{pmatrix} = \mathcal{N}\left(\boldsymbol{0}, \begin{bmatrix} K_0 & \boldsymbol{k}^\top \\ \boldsymbol{k} & \mathsf{K} \end{bmatrix}\right) \tag{8.19}$$

と書き下せます．ただし $\boldsymbol{k} \equiv (K(\boldsymbol{x}, \boldsymbol{x}^{(1)}), \ldots, K(\boldsymbol{x}, \boldsymbol{x}^{(N)}))^\top$ および $K_0 = K(\boldsymbol{x}, \boldsymbol{x})$ と定義しました．したがって，$\boldsymbol{f}_N$ が与えられた条件下での $f(\boldsymbol{x})$ の分布は，この多次元正規分布の変数を分割して条件つき分布に仕立てる作業に帰着できます．条件つき分布の定義から手計算でそれを行うことも可能ですが，ここではよく知られた正規分布の分割公式を使いましょう．

確率変数 $\boldsymbol{x}$ を $\boldsymbol{x} = \begin{pmatrix} \boldsymbol{x}_a \\ \boldsymbol{x}_b \end{pmatrix}$ のように分割するとし，これに対応して，平均 $\boldsymbol{\mu}$，共分散行列 $\mathsf{\Sigma}$，精度行列 $\mathsf{\Lambda}$ を，それぞれ次のように分割したとします．

$$\boldsymbol{\mu} = \begin{pmatrix} \boldsymbol{\mu}_a \\ \boldsymbol{\mu}_b \end{pmatrix}, \quad \mathsf{\Sigma} = \begin{pmatrix} \mathsf{\Sigma}_{aa} & \mathsf{\Sigma}_{ab} \\ \mathsf{\Sigma}_{ba} & \mathsf{\Sigma}_{bb} \end{pmatrix}, \quad \mathsf{\Lambda} = \begin{pmatrix} \mathsf{\Lambda}_{aa} & \mathsf{\Lambda}_{ab} \\ \mathsf{\Lambda}_{ba} & \mathsf{\Lambda}_{bb} \end{pmatrix} \tag{8.20}$$

$\boldsymbol{x}$ が $\mathcal{N}(\boldsymbol{x} \mid \boldsymbol{\mu}, \mathsf{\Sigma})$ に従うとき，$\boldsymbol{x}_b$ を与えたときの $\boldsymbol{x}_a$ の条件つき分布は正規分布となり，それを $\mathcal{N}(\boldsymbol{x}_a \mid \boldsymbol{\mu}_{a|b}, \mathsf{\Sigma}_{a|b})$ と書くと，平均と分散は以下のように与えられます．

$$\boldsymbol{\mu}_{a|b} = \boldsymbol{\mu}_a + \mathsf{\Sigma}_{ab}\mathsf{\Sigma}_{bb}^{-1}(\boldsymbol{x}_b - \boldsymbol{\mu}_b) \tag{8.21}$$

$$= \boldsymbol{\mu}_a - \mathsf{\Lambda}_{aa}^{-1}\mathsf{\Lambda}_{ab}(\boldsymbol{x}_b - \boldsymbol{\mu}_b) \tag{8.22}$$

$$\mathsf{\Sigma}_{a|b} = \mathsf{\Sigma}_{aa} - \mathsf{\Sigma}_{ab}\mathsf{\Sigma}_{bb}^{-1}\mathsf{\Sigma}_{ba} \tag{8.23}$$

$$= \mathsf{\Lambda}_{aa}^{-1} \tag{8.24}$$

また，$\boldsymbol{x}_b$ についての周辺分布も正規分布となり，次のような形となります．

$$p(\boldsymbol{x}_b) = \mathcal{N}(\boldsymbol{x}_b \mid \boldsymbol{\mu}_b, \mathsf{\Sigma}_{bb}) \tag{8.25}$$

$$= \mathcal{N}\left(\boldsymbol{x}_b \mid \boldsymbol{\mu}_b, [\mathsf{\Lambda}_{bb} - \mathsf{\Lambda}_{ba}\mathsf{\Lambda}_{aa}^{-1}\mathsf{\Lambda}_{ab}]^{-1}\right) \tag{8.26}$$

証明は姉妹書 [9] を参照してください．

公式 (8.21) および (8.23) において

$$\boldsymbol{\mu}_b \leftarrow \mathbf{0},\ \ \boldsymbol{x}_b \leftarrow \boldsymbol{f}_N,\ \ \Sigma_{aa} \leftarrow K_0,\ \ \Sigma_{ba} \leftarrow \boldsymbol{k},\ \ \Sigma_{bb} \leftarrow \mathsf{K}$$

などとおき換えることで

$$p(f(\boldsymbol{x}) \mid \boldsymbol{f}_N) = \mathcal{N}(f(\boldsymbol{x}) \mid \boldsymbol{k}^\top \mathsf{K}^{-1} \boldsymbol{f}_N, K_0 - \boldsymbol{k}^\top \mathsf{K}^{-1} \boldsymbol{k}) \tag{8.27}$$

となることがわかります．

この分布を式 (8.18) に入れ，$\boldsymbol{f}_N$ を積分消去することで応答曲面の確率分布 $p(f(\boldsymbol{x}) \mid \mathcal{D})$ を求めることができます．ガウス積分を明示的に実行することも可能ですが，正規分布の周辺分布に関する公式 (8.11) を利用できます．$p(f(\boldsymbol{x}) \mid \boldsymbol{f}_N)$ が公式の $p(\boldsymbol{y} \mid \boldsymbol{x})$ に対応しますので

$$\boldsymbol{y} \leftarrow f(\boldsymbol{x}),\ \ \mathsf{A} \leftarrow \boldsymbol{k}^\top \mathsf{K}^{-1},\ \ \boldsymbol{b} \leftarrow \mathbf{0},\ \ \mathsf{D} \leftarrow K_0 - \boldsymbol{k}^\top \mathsf{K}^{-1} \boldsymbol{k}$$

とおきます．また，$p(\boldsymbol{f}_N \mid \mathcal{D})$ が公式の $p(\boldsymbol{x})$ に対応しますので

$$\boldsymbol{x} \leftarrow \boldsymbol{f}_N,\ \ \boldsymbol{\mu} \leftarrow \frac{1}{\sigma^2} \mathsf{M} \boldsymbol{y}_N,\ \ \Sigma \leftarrow \mathsf{M}$$

とおきます．これらから，求める応答曲面の確率分布 $p(f(\boldsymbol{x}) \mid \mathcal{D})$ が

$$\mu_f(\boldsymbol{x}) = \boldsymbol{k}^\top (\mathsf{K} + \sigma^2 \mathsf{I}_N)^{-1} \boldsymbol{y}_N \tag{8.28}$$

$$\sigma_f^2(\boldsymbol{x}) = K_0 - \boldsymbol{k}^\top (\mathsf{K} + \sigma^2 \mathsf{I}_N)^{-1} \boldsymbol{k} \tag{8.29}$$

をそれぞれ平均と分散とする正規分布 $\mathcal{N}(\mu_f(\boldsymbol{x}), \sigma_f^2(\boldsymbol{x}))$ として求まることがわかります．ただし，後者については，M に関する式 (8.16) の表現と式 (8.17) の結果の双方を使って式を簡単化しました．慎重にやれば誰でもできますので導出は読者に任せます．

最後に，式 (8.2) で書いたように，この $p(f(\boldsymbol{x}) \mid \mathcal{D})$ すなわち $\mathcal{N}(\mu_f(\boldsymbol{x}), \sigma_f^2(\boldsymbol{x}))$ から生成される応答曲面の値をノイズ込みで観測することで出力 y の分布が得られます．再び公式 (8.11) を使い，今度は $f(\boldsymbol{x})$ を積分消去すると

$$p(y \mid \boldsymbol{x}, \mathcal{D}, \sigma^2) = \mathcal{N}(y \mid \mu_y(\boldsymbol{x}), \sigma_y^2(\boldsymbol{x})) \tag{8.30}$$

$$\mu_y(\boldsymbol{x}) = \boldsymbol{k}^\top (\mathsf{K} + \sigma^2 \mathsf{I}_N)^{-1} \boldsymbol{y}_N \tag{8.31}$$

$$\sigma_y^2(\boldsymbol{x}) = \sigma^2 + K_0 - \boldsymbol{k}^\top (\mathsf{K} + \sigma^2 \mathsf{I}_N)^{-1} \boldsymbol{k} \tag{8.32}$$

となることが容易に示せます．これがガウス過程回帰の予測分布の式，すな

わち，任意の $\boldsymbol{x}$ を与えたときに，系の出力 y を与える分布です．予測分布の平均が $\boldsymbol{k}$ を通して入力 $\boldsymbol{x}$ に依存するということは，非線形回帰が可能であるということを意味しています．

8.5　異常度の定義とガウス過程の性質

前節において，ガウス過程回帰の予測分布が式 (8.30) のように得られました．この節では，この予測分布をもとに，異常度の定義を行い，また，実用上のいくつかの注意点を述べます．

8.5.1　ガウス過程に基づく異常度の定義

異常度の一般的な定義 (1.4) を，**図 8.1** の設定に適用すると

$$
\begin{aligned}
a(y', \boldsymbol{x}') &= -\ln p(y' \mid \boldsymbol{x}', \mathcal{D}, \sigma^2) \\
&= \frac{1}{2} \ln \left\{ 2\pi \sigma_y^2(\boldsymbol{x}') \right\} + \frac{1}{2\sigma_y^2(\boldsymbol{x}')} \left\{ y' - \mu_y(\boldsymbol{x}') \right\}^2
\end{aligned}
\tag{8.33}
$$

のように異常度を定義できます．

第 2 項はマハラノビス距離に対応していますが，ホテリングの T^2 法との最大の違いは，予測分布の期待値と分散が入力 $\boldsymbol{x}'$ に依存するところです．期待値が $\boldsymbol{x}'$ に依存しているということは，y と $\boldsymbol{x}$ の間の非線形な関数関係に追随できることを意味し，分散については，たとえば，$\boldsymbol{x}$ がある領域に入れば応答が安定するが，その外では不安定になる，というような状況に対応できることを意味します．予測分散が大きいところでは，第 2 項の値が全般に小さくなりますが，それを第 1 項で補い，全体的に合理的な異常度を算出するような式になっています．

図 8.3 に予測平均と予測分散の計算例を示します．**図 8.2** の事前分布を与えた後に，$(x, y) = \{(-4, -2), (-2.8, 0), (-1, 1), (0, 2), (2.2, -1)\}$ という 5 点をデータとして与え，それをもとに横軸 50 点からなる応答曲線を 50 本標本抽出したものです．計算の詳細は省略しますが，灰色の線が存在する幅が $\sigma_y(\boldsymbol{x})$ の目安になっています．データが存在するところでは $\sigma_y(\boldsymbol{x})$ が非常に小さく，データが疎なところでは $\sigma_y(\boldsymbol{x})$ が大きくなっていることがわかります．

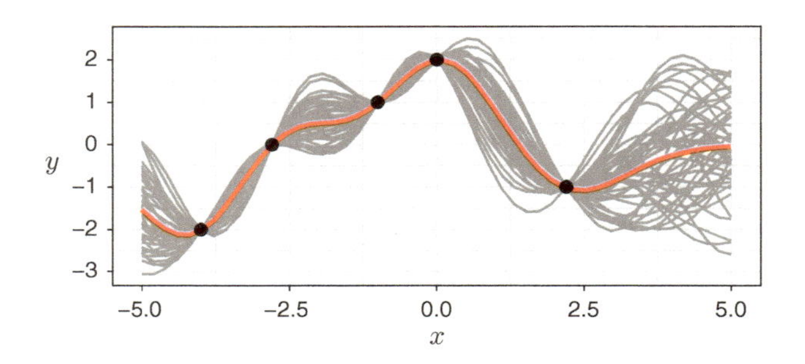

図 8.3 ガウス過程回帰では場所ごとに異なる分散を与える．観測点の近傍では分散は小さいが，疎な領域では大きくなる．

入力次元 M が大きくなると，考える領域の多くの部分で入力が疎であるとみなさなければならなくなります．そのような場合，「観測標本のある地点できゅっと絞られる」という性質が，しばしば直感に反する解を与えることがあるので運用上注意が必要です．そのような場合，入力点 $\boldsymbol{x}'$ 近傍での局所的な分散を

$$\mu_{\mathrm{NN}}(\boldsymbol{x}') = \frac{1}{k} \sum_{n \in \mathcal{N}_k(\boldsymbol{x}')} y^{(n)} \tag{8.34}$$

$$\sigma^2_{\mathrm{NN}}(\boldsymbol{x}') = \frac{1}{k} \sum_{n \in \mathcal{N}_k(\boldsymbol{x}')} \left\{ y^{(n)} - \mu_{\mathrm{NN}}(\boldsymbol{x}') \right\}^2 \tag{8.35}$$

のように計算しておき，ガウス過程の予測分散があやしい場合にはこれと併用する，などの運用が現実的でしょう．ここで，$\mathcal{N}_k(\boldsymbol{x}')$ は，$\boldsymbol{x}'$ の k 近傍標本の集合です．

8.5.2 σ^2 と他のパラメターの決定

以上では，観測モデルの分散が既知としてきましたが，実応用上はこれをデータから見積もる必要があります．これを行う 1 つの方法は，いわゆる**周辺尤度**（marginal likelihood）を最大化するように σ^2 を選ぶことです．

$$E(\sigma^2 \mid \mathcal{D}) \equiv \int \mathrm{d}\boldsymbol{f}_N \, p(\mathcal{D} \mid \boldsymbol{f}_N, \sigma^2) \, p(\boldsymbol{f}_N) \quad \rightarrow \quad \text{最大化} \tag{8.36}$$

$E(\sigma^2 \mid \mathcal{D})$ をしばしば（σ^2 に関する）**エビデンス**（evidence）と呼びます．

未知パラメターを周辺化してあいまいさを排除した後の，モデルの当てはまりのよさを示す「証拠」となるような量だからです．エビデンスの最大化によるパラメター決定法を，**第 2 種最尤推定**（type-II maximum likelihood）や**経験ベイズ法**（empirical Bayes method）と呼ぶことがあります．

正規分布の周辺化の公式 (8.11) において，尤度 (8.7) および事前分布 (8.5) を使うことにより，

$$E(\sigma^2 \mid \mathcal{D}) = \mathcal{N}\left(\boldsymbol{y}_N \mid \boldsymbol{0},\ \sigma^2 \mathsf{I}_N + \mathsf{K}\right) \tag{8.37}$$

と容易に計算できます．今，

$$\mathsf{K} = \sigma^2 \tilde{\mathsf{K}} \tag{8.38}$$

のように，カーネル行列から σ^2 をくくり出し，いわば無次元化したカーネル行列 $\tilde{\mathsf{K}}$ を定義したとします．このとき，対数エビデンス $\ln E(\sigma^2 \mid \mathcal{D})$ は，正規分布の定義から

$$\ln E(\sigma^2 \mid \mathcal{D}) = -\frac{N}{2}\ln(2\pi\sigma^2) - \frac{1}{2}\ln\left|\mathsf{I}_N + \tilde{\mathsf{K}}\right| - \frac{\sigma^{-2}}{2}\boldsymbol{y}_N^\top(\mathsf{I}_N + \tilde{\mathsf{K}})^{-1}\boldsymbol{y}_N$$

となります．これを σ^{-2} で微分して 0 と等置することにより

$$\hat{\sigma}^2 = \frac{1}{N}\boldsymbol{y}_N^\top(\mathsf{I}_N + \tilde{\mathsf{K}})^{-1}\boldsymbol{y}_N \tag{8.39}$$

という推定式が得られます．もし $\tilde{\mathsf{K}}$ がなければ，これは（平均 0 に標準化されたデータに対する）通常の標本分散 $(1/N)\sum_{n=1}^{N} y^{(n)2}$ と一致しています．

一般には $\tilde{\mathsf{K}}$ にも別途調整すべきパラメターが含まれます．たとえば RBF カーネルを使ったとすれば，$\tilde{\mathsf{K}}$ の (i,j) 成分は

$$\tilde{\mathsf{K}}_{i,j} = \gamma \exp\left(-\frac{\|\boldsymbol{x}^{(i)} - \boldsymbol{x}^{(j)}\|^2}{\ell^2}\right) \tag{8.40}$$

のようになり，係数 γ と，カーネルの到達範囲を表すパラメター ℓ を決める必要があります．しかし式 (8.39) のように σ を分離する前提だと，γ は 1 のオーダーの無次元数ですので，とりあえずこれを 1 に固定して ℓ についてだけ対数エビデンスを最大化する，などの工夫ができるので便利です．具体的には，解 (8.39) を対数エビデンスに入れ戻し

$$\ln E(\gamma, \ell \mid \mathcal{D}) = -\frac{N}{2}\left\{\ln\left(\frac{2\pi}{N}\right) + 1\right\}$$
$$-\frac{1}{2}\ln\left|\mathsf{I}_N + \tilde{\mathsf{K}}\right| - \frac{N}{2}\ln\left\{\boldsymbol{y}_N^\top(\mathsf{I}_N + \tilde{\mathsf{K}})^{-1}\boldsymbol{y}_N\right\} \tag{8.41}$$

のように新たにエビデンスを (γ, ℓ) の関数と考え，ℓ について，あるいは ℓ と γ の双方について対数エビデンス $\ln E(\gamma, \ell)$ を最大化するようにパラメターを決めます．なお，実用上，対数エビデンスの計算にはコレスキー分解を使うなどの数値計算的工夫が必要です．Rasmussen-Williams [24] に多少の解説があるので参考にするといいでしょう *1.

アルゴリズム 8.1 に本章でこれまで述べてきた手法をまとめます．

8.6 実験計画法への応用

ガウス過程回帰に基づく異常検知の枠組みのひとつの応用として，**実験計画法**（design of experiments）があります．ガウス過程回帰を用いた実験計画の手法は，特に**応答曲面法**（response surface method）と呼ばれ，実用上重要です．

たとえば自動車の設計で，設計のパラメターを $\boldsymbol{x}$ とし，ひとつの $\boldsymbol{x}$ に対して，たとえば，自動車の衝突シミュレーションのような非常に重いシミュレーションを回して何かの評価値 y を得るとします．衝突シミュレーションであれば，y としては傷害値（乗員が受ける損傷の度合い）が具体的な例です．理想的には無数のシミュレーションを回して最適な設計点を求めたいのですが，時間と費用の兼ね合いがありますので，過去の N 回のシミュレーション結果 $\mathcal{D} = \{(\boldsymbol{x}^{(1)}, y^{(1)}), \ldots, (\boldsymbol{x}^{(N)}, y^{(N)})\}$ を活用して「次にシミュレーションで調べるべき最適な $\boldsymbol{x}$ は何か」という問いに答えたい，というのが問題意識です．

最適性を定義する方法はいくつかありますが，最も基本的なものは，次の**期待改善量**（expected improvement）と呼ばれる量です．

---

*1 なお，上記出てきた σ^2, γ, ℓ などのパラメターを**ハイパーパラメター**（hyper parameter）と呼ぶことがあります．hyper は「過剰」「上回る」という意味の接頭辞です．ベイズ統計学では，事前分布のパラメターとして定義されます．ベイズ法の階層構造を生かして訳すとしたら，**上位パラメター**，くらいのいい方になると思います．

アルゴリズム 8.1 ガウス過程回帰による異常検知

- **パラメターの決定**．データ $\mathcal{D}=\{(\boldsymbol{x}^{(1)},y^{(1)}),\ldots,(\boldsymbol{x}^{(N)},y^{(N)})\}$ を用意する．カーネル関数の形を与える．
  - （RBF カーネルの場合）γ の値の候補を 1 を中心にしていくつか与える．ℓ の値の候補を，データ $\mathcal{D}$ における $\boldsymbol{x}$ の広がりを参考にしていくつか与える．
  - (γ,ℓ) の組み合わせのそれぞれについて対数エビデンス (8.41) を計算する．
  - 対数エビデンスを最大にするものを推定値 $(\hat{\gamma},\hat{\ell})$ とする．
  - $(\hat{\gamma},\hat{\ell})$ を式 (8.39) に代入し $\hat{\sigma}^2$ を求める．
- **異常度の計算**．事前に $(\mathsf{K}+\sigma^2\mathsf{I}_N)^{-1}\boldsymbol{y}_N$ を計算しておく．また，必要に応じて $(\mathsf{K}+\sigma^2\mathsf{I}_N)$ のコレスキー分解を求めておく．
  - 予測分布の平均 $\mu_y(\boldsymbol{x}')$ と分散 $\sigma_y^2(\boldsymbol{x}')$ を，式 (8.31) および (8.32) から計算する．
  - 式 (8.33) から異常度 $a(\boldsymbol{x}')$ を計算する．
- **異常判定**．$a(\boldsymbol{x}')$ が閾値よりも大きければ警報を出す．

$$J(\boldsymbol{x})=\int_{-\infty}^{\infty}\mathrm{d}y\ p(y\mid\boldsymbol{x},\mathcal{D},\sigma^2)\ [\ y_{\min}-y\ ]_+ \tag{8.42}$$

ここで，評価値 y は小さければ小さいほどよいようなものであると仮定しています．$y_{\min}$ は $\mathcal{D}$ に含まれる N 個の評価値の中での最小値（最善値）です．$[\cdot]_+$ はカッコの中身が正なら何もせず，負なら 0 に置き換える演算を表します．

予測分布 $p(y\mid\boldsymbol{x},\mathcal{D},\sigma^2)$ の式 (8.30) を使い，関係式

$$-\frac{\mathrm{d}}{\mathrm{d}u}\mathcal{N}(u\mid 0,1)=u\mathcal{N}(u\mid 0,1)$$

に注意すると上の積分は一部実行できて，次のようになります．

$$
\begin{aligned}
J(\boldsymbol{x}) &= \int_{-\infty}^{y_{\min}} \mathrm{d}y\, \mathcal{N}(y \mid \mu_y(\boldsymbol{x}), \sigma_y^2(\boldsymbol{x}))\, (y_{\min} - y) \\
&= \int_{-\infty}^{\frac{y_{\min}-\mu_y}{\sigma_y}} \mathrm{d}u\, \mathcal{N}(u \mid 0, 1)\ [\, y_{\min} - u\sigma_y(\boldsymbol{x}) - \mu_y(\boldsymbol{x})\,] \\
&= \sigma_y(\boldsymbol{x})\, [\, z\Phi(z) + \mathcal{N}(z \mid 0, 1)\,]
\end{aligned}
\tag{8.43}
$$

ただし Φ は標準正規分布の累積分布関数で，$\Phi(v) \equiv \int_{-\infty}^{v} \mathrm{d}u\, \mathcal{N}(u|0,1)$ で定義されます．また，z は

$$
z \equiv \frac{y_{\min} - \mu_y(\boldsymbol{x})}{\sigma_y(\boldsymbol{x})} \tag{8.44}
$$

です．本来は $z(\boldsymbol{x})$ と書くべきですが，表記の簡素化のために引数を省略しました．

式 (8.43) における $[\cdot]$ の中の関数は，z がある程度大きいとほぼ z に比例します．$\Phi(z)$ がほぼ 1 になり，$\mathcal{N}(z \mid 0, 1)$ が急速に 0 に近づくからです．大雑把な近似で書くと，

$$
J(\boldsymbol{x}) \approx \sigma_y(\boldsymbol{x}) \times [\, z(\boldsymbol{x})\,]_+ \tag{8.45}
$$

という感じです．ガウス過程回帰の性質から，σ_y は $\mathcal{D}$ における測定点が疎な領域で大きくなります．したがって，期待改善量を最大にする $\boldsymbol{x}$ を選ぶための規準は，平たくいえば，「これまであまり試していなかった領域で，z が大きくなるところを選べ」ということです．

z とマハラノビス距離，たとえば式 (3.5) との類似性は明らかです．異常検知の場合，$\boldsymbol{x}$ を観測した後にマハラノビス距離等を使って異常度を計算しました．いわば与えられた $\boldsymbol{x}$ がどの程度特別かを調べたわけですが，今の場合問題が逆で，今まで得られている最善値 $y_{\min}$ から見て，ある意味で異常な（特異的に改善量が大きい）場所を次の試行に選ぶということになります．

8.7 リッジ回帰との関係

本章ではこれまでガウス過程回帰をベイズ学習の枠組みで説明してきましたが，ガウス過程回帰による予測分布の期待値 μ_y(8.31) はいわゆるリッジ回帰（ridge regression）の解（導出は姉妹書 [9] 参照）

$$y = \boldsymbol{x}^\top \hat{\boldsymbol{\alpha}} \quad \text{ただし} \quad \hat{\boldsymbol{\alpha}} = \left(\mathsf{X}\mathsf{X}^\top + \sigma^{-2}\mathsf{I}_M\right)^{-1} \mathsf{X}\boldsymbol{y}_N \tag{8.46}$$

と等価であることを示せます．ただし $\mathsf{X} \equiv [\boldsymbol{x}^{(1)}, \ldots, \boldsymbol{x}^{(N)}]$ です．以下，これを示しましょう．

今，$\hat{\boldsymbol{\alpha}}$ の式にウッドベリー行列恒等式 (8.14) を適用すると

$$\hat{\boldsymbol{\alpha}} = \left\{\sigma^2\mathsf{I}_N - \sigma^4\mathsf{X}\left(\mathsf{I}_N + \sigma^2\mathsf{X}^\top\mathsf{X}\right)^{-1}\mathsf{X}^\top\right\}\mathsf{X}\boldsymbol{y}_N$$

が得られます．ここで，$\boldsymbol{k} \equiv \mathsf{X}^\top\boldsymbol{x}$，$\mathsf{K} \equiv \mathsf{X}^\top\mathsf{X}$ とおいて内積 $\boldsymbol{x}^\top\hat{\boldsymbol{\alpha}}$ を計算することで，ただちに

$$\begin{aligned} y &= \sigma^2\boldsymbol{k}^\top\left\{\mathsf{I}_N - \sigma^2(\sigma^2\mathsf{K} + \mathsf{I}_N)^{-1}\mathsf{K}\right\}\boldsymbol{y}_N \\ &= \sigma^2\boldsymbol{k}^\top(\sigma^2\mathsf{K} + \mathsf{I}_N)^{-1}\left\{(\sigma^2\mathsf{K} + \mathsf{I}_N) - \sigma^2\mathsf{K}\right\}\boldsymbol{y}_N \\ &= \boldsymbol{k}^\top\left(\mathsf{K} + \sigma^2\mathsf{I}_N\right)^{-1}\boldsymbol{y}_N \end{aligned}$$

が得られます．これはガウス過程における予測平均 (8.31) にほかなりません．

上の導出をたどると，$\boldsymbol{k} \equiv \mathsf{X}^\top\boldsymbol{x}$，$\mathsf{K} \equiv \mathsf{X}^\top\mathsf{X}$ という置き換えが本質的であることがわかります．これはいずれも，標本のベクトルの内積をカーネル関数で置き換えたものと理解できます．すなわち，ガウス過程回帰とは，リッジ回帰に第 6 章で述べたカーネルトリックを適用したもの，ともいえます．

Chapter 9

部分空間法による変化検知

本章では時系列データを念頭に変化検知という問題を考えます．具体的にやりたいことは，本書冒頭で紹介した図 1.1 の下の 2 つの異常を捉えることです．単一の標本の異常度を計算するだけでは変化検知はできません．本章ではまず，複数の異常度ないし標本を束ねるための基本技術として，累積和とスライド窓という考え方を説明します．それに基づき，変化検知問題を，逐次的密度推定問題としてやや抽象的に定式化します．その最も簡単な具体例として，特異スペクトル変換法という変化検知の手法を説明します．特異スペクトル変換法はその汎用性，ノイズに対する頑強性から実用上最も重要な変化検知手法の 1 つです．

9.1 累積和法: 変化検知の古典技術

たとえば，ある化学プラントの反応器の中での特定の化学物質の濃度を，時々刻々監視しているとします．化学物質は流体として出入りがあるので，たまたま局所的に濃度が低かったり高かったりするのは避けられず，この場合は，第 2 章のホテリングの T^2 法のような「観測 1 回ごとにひとつひとつ異常度を計算する」タイプの監視技術は不適切かもしれません．この場合やりたいことは，単発で突発的に異常値が得られたというよりは，継続して何らかの異常状態が発生しているかどうかを検知すること，すなわち変化検知です．

系に対する予備解析の結果，ある量ξが，正常時には安定してμという値をとることがわかっているとします．このξは，濃度のように直接観測できる量かもしれませんし，たとえば「濃度の標準偏差」や「物質Aの濃度と溶媒流量の積」，「変数Aを変数Bにより予測するための回帰係数」のように，物理量にある演算を施して得られるものかもしれません．いずれにしろこの量ξが，多少のばらつきはあったとしても安定してμという値をとることがわかっていれば，正常時のモデルとして正規分布$\mathcal{N}(\xi \mid \mu, \sigma^2)$を考えることは自然です．ここで$\sigma^2$は量$\xi$の分散です．

さらに，過去の異常事例の分析から，「正常値から上にν_+振れるようならさすがに何か起こっていると判断しよう」というような事前知識があるとします．今，ξの分散には大きな違いがないとすると，正常状態と異常状態は次のようなモデルで表現できることになります．

- 正常状態のモデルは$\mathcal{N}(\xi \mid \mu, \sigma^2)$
- 異常状態のモデルは$\mathcal{N}(\xi \mid \mu + \nu_+, \sigma^2)$

現在の状態が両者のどちらに近いかを調べることにより，正常状態から異常状態への変化を検知できることになります．これは正規分布を明示的に仮定した例ですが，確率分布の比較により状態変化を検知できる，という点が重要な点です．

時刻tにおいて変化が生じている（異常状態へ変化している）度合い，すなわち**変化度**（change score）を定義する1つの方法は，単発の標本に定義される異常度を束ねて状態変化を表す指標に仕立てることです．単発の異常度として式(1.2)を使うとすれば，今の場合

$$a(\xi^{(t)}) \equiv \ln \frac{\mathcal{N}(\xi^{(t)} \mid \mu + \nu_+, \sigma^2)}{\mathcal{N}(\xi^{(t)} \mid \mu, \sigma^2)} \tag{9.1}$$

$$= \left(\frac{\nu_+}{\sigma}\right) \frac{\xi^{(t)} - \mu - (\nu_+/2)}{\sigma} \tag{9.2}$$

となります．$\xi^{(t)}$は時刻tにおける観測値です．もしこの量が継続的に0より大きければ異常状態の方が確からしいわけですから，継続的に異常状態が生じているときは，上記の量は継続的に正の値をとります．したがって，時

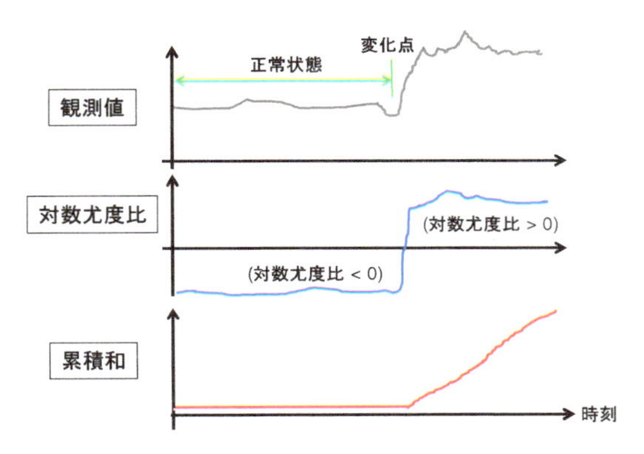

図 9.1　累積和法による変化検知の説明.

刻 t における変化度を漸化式の形で

$$a_+^{(t)} \equiv \left[a_+^{(t-1)} + a(\xi^{(t)})\right]_+ \tag{9.3}$$
$$= \left[a_+^{(t-1)} + \left(\frac{\nu_+}{\sigma}\right)\frac{\xi^{(t)} - \mu - (\nu_+/2)}{\sigma}\right]_+$$

のように定義できます．ただし $[\cdot]_+$ は，カッコの中が正なら何もせず，負なら 0 に変える演算を意味します．各時刻単発の異常度をもとに式 (9.3) のように定義される変化度を，一般に**累積和**(cumulative sum, CUSUM)，あるいは特に**上側累積和**（upper CUSUM）と呼びます．**累積和統計量**（CUSUM statistic）と呼ばれることもあります．上側累積和による変化検知の様子を**図 9.1** に模式的に示します．

上振れに加えて下振れも監視するためには，ν_+ を $-\nu_-$ に変えて，

$$a_-^{(t)} \equiv \left[a_-^{(t-1)} + a(\xi^{(t)})\right]_+ \tag{9.4}$$
$$= \left[a_-^{(t-1)} - \left(\frac{\nu_-}{\sigma}\right)\frac{\xi^{(t)} - \mu + (\nu_-/2)}{\sigma}\right]_+$$

という量を定義します．これは**下側累積和**（lower CUSUM）と呼ばれます．

$a_+^{(t)}$ および $a_-^{(t)}$ は異常状態に遷移すると単調に増大してゆくものですから，両側の累積和をそれぞれ監視しておけば変化検知ができることになりま

す．累積和ないしそれに類する統計量に上限や下限を付して時系列的に監視するための**図 9.1** のような図を，特に**管理図**（control chart）ないし**シューハート管理図**（Shewhart control chart）などと呼びます．アルゴリズム 9.1 に，正規分布に基づく累積和法による変化検知手法をまとめておきます．

アルゴリズム 9.1 累積和法による変化検知

1. 上振れと下振れの目安 ν_+, ν_- を与える．上側累積和，下側累積和のそれぞれについて閾値 $a_+^{\mathrm{th}}, a_-^{\mathrm{th}}$ を与える．
2. 各時刻において，上側・下側の累積和を式 (9.3) および (9.4) にて計算する．
3. 上側・下側累積和のいずれかが閾値を超えていたら警報を出す．

管理図によるプロセス管理は直感的にわかりやすく，また，現場エンジニアの知見を容易に組み込めるなどの利点があります．しかし逆にいえば，「何が安定量とみなせるか」「上振れと下振れの目安をどう決めるべきか」などの質問にあらかじめ答える必要があり，この点が実用上の困難となり得ます．

9.2 近傍法による異常部位検出

累積和法では，各時刻の観測値は，正常状態，異常状態のそれぞれにおいては統計的に独立と想定されています．そのため，個別の観測値の異常度を束ねて変化度にする，という操作が必要でした．そして，その変化度を計算するためには，観測値の値の分布について明示的な知識をあらかじめ持っていることが必要でした．

本節ではそのような知識を持たない場合にも「気軽に」使える手法について考えてみましょう．本節で考えるのは，1.2 節ですでに説明した異常部位検出という問題です．これは時系列データから特徴的な部分を選び出す問題で，変化検出問題の変種とみなせます．

異常部位は，異なる時刻の観測量をまとめた部分時系列に対して定義されます．素直に考えると，異常部位検出を行うための方法として，1 本の時系列データを窓を使って部分時系列の集まりとして表し，ベクトルの外れ値検出問題に帰着させる，という方法が考えられます．話を単純にするため，1 次元の時系列を考えます．先ほど同様，観測値として長さ T の時系列が

$$\mathcal{D} = \{\xi^{(1)}, \xi^{(2)}, \ldots, \xi^{(T)}\}$$

のように与えられていると考えます．ξ の肩の数字の $^{(1)}$ や $^{(2)}$ は時刻を表しています．各時刻の観測値をそれぞれ扱うのではなくて，M 個の隣接した観測値をまとめて

$$\boldsymbol{x}^{(1)} \equiv \begin{pmatrix} \xi^{(1)} \\ \xi^{(2)} \\ \vdots \\ \xi^{(M)} \end{pmatrix}, \ \boldsymbol{x}^{(2)} \equiv \begin{pmatrix} \xi^{(2)} \\ \xi^{(3)} \\ \vdots \\ \xi^{(M+1)} \end{pmatrix}, \cdots \tag{9.5}$$

のように，データを M 次元ベクトルの集まりとして表すことにします．これにより，長さ T の観測値からなる時系列データは，

$$N = T - M + 1 \tag{9.6}$$

本の M 次元ベクトルに変換されます．上記，時系列データをベクトルの集まりに変換する様子を，$M = 3$ に対して**図 9.2** に描きました．これは長さ M の窓を左から右に動かして，次々に長さ M の時系列片を作っていくということです．この「窓」のことを**スライド窓**（sliding window）ないし**滑走窓**と呼びます．スライド窓により生成したベクトルのことを，普通の多変量データと区別するために，**部分時系列**（time-series subsequence）という呼び方をすることがあります．本来ベクトルと時系列は異なるものですが，両者をあえて区別せずに使っても特に混乱は生じないでしょう．

スライド窓を使って，時系列データをベクトルの集まりに変換してしまえば，データとしてはこれまで扱ってきた $\mathcal{D} = \{\boldsymbol{x}^{(1)}, \ldots, \boldsymbol{x}^{(N)}\}$ というものですから，前章までに論じた技術を使って異常検知の問題を解くことが原理的にはできます．異常部位検出の文献では，$k = 1$ とした近傍法による外れ値検出（4.1.1 項）の適用が多く見られます．すなわち，ある標本 $\boldsymbol{x}^{(n)}$ から最近傍標本までの距離を $\epsilon^{(n)}$ とすれば，式 (4.3) から

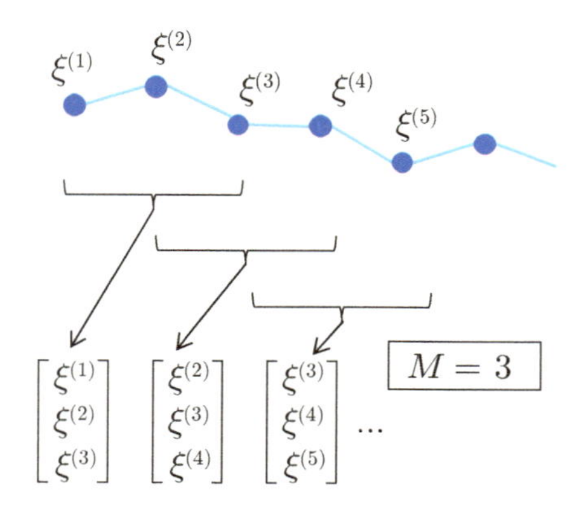

図 9.2　スライド窓により時系列データをベクトルの集まりに変換する様子．

$$a(\boldsymbol{x}^{(n)}) = M \ln \epsilon^{(n)} \tag{9.7}$$

により異常度を計算できます．重要でない定数項は省略しました．$n = 1, \ldots, N$ に対してこの計算を行い，異常度が上位のものを異常部位として取り出すことになります．これは異常度に応じた部分時系列の順序づけですが，もし，異常部位がどこかという検証データが与えられていれば，アルゴリズム 4.1 の手順で異常判定の閾値を決めることができます．未知の部分時系列に対して異常度を計算して，もし閾値を超えるようなら異常部位と判定します．

近傍法の適用に当たっては，スライド窓で生成したベクトルが統計的独立性の仮定を満たさないという事実に注意が必要です．特に，ある程度滑らかな実数値時系列データの場合，隣り合った部分時系列の要素の値はほとんど等しくなり，これを**自己一致**（self-match）とか**自明な一致**（trivial match）などと呼びます．自己一致を避けるためには，通常，「時間的に近接した部分時系列同士は比較の対象としない」といった工夫が必要です．

同様に，部分時系列同士の相違度ないし類似度を計算するためには，時間軸方向の多少の進みや遅れを許容する工夫が実用上必要です．そのようなもので最もよく使われるのが**動的時間伸縮法**（dynamic time warping）による類似度です．動的時間伸縮法を併用した異常部位同定問題の詳しい性能評価については，最近の論文 [23] を参照するといいでしょう．また，データマイニングのコミュニティでは，時系列を離散的な文字列に変換する**集約記号近似**（symbolic aggregate approximation, SAX）という方法も広く研究されています．詳細は最近の文献 [26] を参照してください．

9.3 変化検知問題と密度比

スライド窓を使って時系列データを単にベクトルの集合に変換するだけでは，自己一致の除去や時間軸情報の局所的集約など，ほぼ手作業での工夫が大量に必要になり，機械学習の思想からは好ましいものではありません．それをある程度自動化して，できる限り恣意的なパラメターを使わずに特徴的なパターンを時系列データから取り出せればそれに越したことはありません．

そこで改めて変化検知という問題を考えてみましょう．本書冒頭 1.2 節にて紹介した通り，変化検知という問題を直感的にいい表すと，今の状況がちょっと前の状況と違うかどうか答える，という問題です．前節同様に，長さ T の 1 次元時系列が

$$\mathcal{D} = \{\xi^{(1)}, \xi^{(2)}, \ldots, \xi^{(T)}\}$$

のように与えられており，窓幅 M のスライド窓を使い M 次元のベクトルの集まり

$$\mathcal{D} = \{\boldsymbol{x}^{(1)}, \ldots, \boldsymbol{x}^{(N)}\}$$

に変換したとします．$N = T - M + 1$ です．この前提で，変化検知の問題を一般的に表現するとしたら，**図 9.3** のようになります．すなわち，時刻 t において過去側と現在側に 2 つの領域を設定し，その領域内に入るベクトルを使って，それぞれの領域で確率分布を推定します．過去側の分布を $p^{(t)}(\boldsymbol{x})$ とし，現在側の分布を $p'^{(t)}(\boldsymbol{x})$ と表しましょう．変化検知の問題とは，本質的には，この 2 つの確率分布の相違度を計算する問題として定義できます．

ここで 1 つ問題になるのは，どのように $p^{(t)}(\boldsymbol{x})$ と $p'^{(t)}(\boldsymbol{x})$ の相違の度合いを定量的に計算すればよいかという点です．これを考える上での指針は，定義 1.1 で与えたネイマン・ピアソン決定則です．式 (1.2) は，単一の標本に対する異常度でした．今の場合，領域に入る複数の標本に拡張して考える

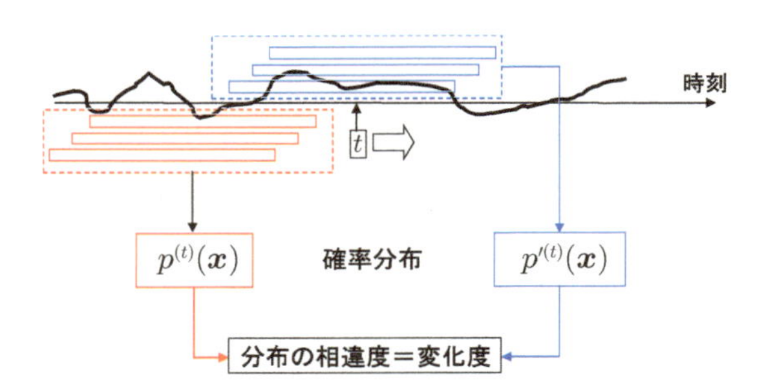

図 9.3 変化検知の一般的な定式化．少し前の状況（赤）をもとに今の状況（青）での変化の度合いを評価する．なお，部分時系列として双方 3 本しか描いていないが，実際にはそれよりもっと多いのが普通．

必要があります．最も自然な拡張としては，単に，式 (1.2) の $p^{(t)}(\boldsymbol{x})$ による期待値を計算することが考えられます．すなわち，時刻 t における変化度を

$$a^{(t)} = \int \mathrm{d}\boldsymbol{x}\, p^{(t)}(\boldsymbol{x}) \ln \frac{p^{(t)}(\boldsymbol{x})}{p'^{(t)}(\boldsymbol{x})} \tag{9.8}$$

のように定義することができます．したがって，変化検知問題とは，本質的には密度比の逐次推定問題です．次節において，密度比を部分空間法という手法を使って評価する手法を説明します．より一般の手法については第 12 章において議論します．

9.4 特異スペクトル変換法

変化検知問題における変化度の一般的な定義 (9.8) においては，密度比をデータから推定する必要があります．本節では，第 7 章で導入したフォンミーゼス・フィッシャー分布から出発して，部分空間同士の距離を評価することで変化度を計算する特異スペクトル変換という手法を紹介します．

9.4.1 フォンミーゼス・フィッシャー分布による密度比の評価

変化検知のためには，図 9.3 に示すように，時刻 t の周りに，現在側と過去側で部分時系列に対して確率分布ないしその比を推定する必要があります．ここでは明示的に，フォンミーゼス・フィッシャー分布を仮定してみます．

$$p^{(t)}(\boldsymbol{z}) = \mathcal{M}(\boldsymbol{z} \mid \boldsymbol{u}^{(t)}, \kappa), \qquad p'^{(t)}(\boldsymbol{z}) = \mathcal{M}(\boldsymbol{z} \mid \boldsymbol{q}^{(t)}, \kappa)$$

ただし，$\boldsymbol{z}$ は方向データを現す確率変数，$\boldsymbol{u}^{(t)}$ は図 9.3 における過去側（赤）の部分時系列の集合から求めた特徴的な波形を表す単位ベクトル，$\boldsymbol{q}^{(t)}$ は現在側（青）の部分時系列の集合から求めた特徴的な波形を表す単位ベクトルです．素の部分時系列ではなくて方向データを考えるのは，一般に時系列データにつきもののノイズを抑制するという観点で実用上理にかなっています．

フォンミーゼス・フィッシャー分布の定義 (7.1) を使って変化度 (9.8) を計算すると

$$\begin{aligned} a^{(t)} &= \int \mathrm{d}\boldsymbol{z}\, \mathcal{M}(\boldsymbol{z} \mid \boldsymbol{u}^{(t)}, \kappa)\, \kappa \boldsymbol{z}^\top (\boldsymbol{u}^{(t)} - \boldsymbol{q}^{(t)}) \\ &\propto \kappa(1 - \boldsymbol{u}^{(t)\top} \boldsymbol{q}^{(t)}) \end{aligned} \tag{9.9}$$

となることがわかります．ただし，2 行目の導出には $\boldsymbol{z}$ の $p(\boldsymbol{z})$ のもとでの期待値が $\boldsymbol{u}^{(t)}$ に比例することを使いました．

明らかにこの変化度は，2 つのパターン $\boldsymbol{u}^{(t)}$ と $\boldsymbol{q}^{(t)}$ が一致しているときに最小になり，両者が直交しているときに最大になります．上の議論では議論の簡素化のため特徴的なパターンとして 1 つだけを考えましたが，一般の状況では複数考える必要があるでしょう．そのような場合であっても，上式は，「過去側における特徴的なパターンが張る空間と，現在側における特徴的なパターンが張る空間の重なりの大きさから変化度を求められる」ということを示唆しています．これは実際成り立ち，それを活用したのが特異スペクトル変換法にほかなりません．

問題は，特徴的なパターンなるものをどのように見出すかです．それが次節のテーマです．

9.4.2 特異値分解による特徴的なパターンの自動抽出

先に説明した通り，長さ T の 1 次元時系列が $\mathcal{D} = \{\xi^{(1)}, \xi^{(2)}, \ldots, \xi^{(T)}\}$ のように与えられており，窓幅 M のスライド窓を使い M 次元のベクトルの集まり $\mathcal{D} = \{\boldsymbol{x}^{(1)}, \ldots, \boldsymbol{x}^{(N)}\}$ に変換したとします．$N = T - M + 1$ です．ここで次の問題を考えます: $\mathcal{D}$ に含まれる部分時系列において，最も典型的な波形は何でしょうか．

最も素朴には，総和平均 $(1/N)\sum_{n=1}^{N}\boldsymbol{x}^{(n)}$ を考えることができます．しかしもうちょっとがんばって

$$\boldsymbol{x}^{(1)}v_1 + \boldsymbol{x}^{(2)}v_2 + \cdots + \boldsymbol{x}^{(N)}v_N \quad \text{すなわち} \quad \mathsf{X}\boldsymbol{v} \tag{9.10}$$

のような一般の 1 次結合を考えてみましょう．ただし $\mathsf{X} = [\boldsymbol{x}^{(1)}, \ldots, \boldsymbol{x}^{(N)}]$ および $\boldsymbol{v} \equiv [v_1, \ldots, v_N]^\top$ と置きました．直感的に考えるとこの問題は，一番人気のある方向を求める問題ですから，お互い最も強め合う方向を

$$\|\mathsf{X}\boldsymbol{v}\|^2 \;\; \rightarrow \;\; \text{最大化} \quad \text{subject to} \quad \boldsymbol{v}^\top\boldsymbol{v} = 1 \tag{9.11}$$

により求めればよいことがわかります．制約 $\boldsymbol{v}^\top\boldsymbol{v} = 1$ を置いたのは，異なる $\boldsymbol{x}^{(n)}$ 同士の相対的な重要度に主に興味があるのと，係数を ∞ に飛ばすという意味のない解を除外するためです．

これを解くのは簡単で，乗数 γ を使って得られるラグランジュ関数 $\boldsymbol{v}^\top\mathsf{X}^\top\mathsf{X}\boldsymbol{v} - \gamma\boldsymbol{v}^\top\boldsymbol{v}$ を $\boldsymbol{v}$ で微分して 0 と等置することにより，条件式

$$\mathsf{X}^\top\mathsf{X}\boldsymbol{v} = \gamma\boldsymbol{v} \tag{9.12}$$

が得られます．これは，$\boldsymbol{v}$ として，行列 $\mathsf{X}^\top\mathsf{X}$ の規格化された固有ベクトルを選べばよいということを意味します．

この固有値方程式からはいろいろと面白い結果を導けます．まず，上式に左から X をかけた上で，$\boldsymbol{u} = \mathsf{X}\boldsymbol{v}/\sqrt{\gamma}$ と置くと，$\boldsymbol{u}$ が別の固有値方程式

$$\mathsf{X}\mathsf{X}^\top\boldsymbol{u} = \gamma\boldsymbol{u} \tag{9.13}$$

を満たすことがただちにわかります．また，定義式 $\boldsymbol{u} = \mathsf{X}\boldsymbol{v}/\sqrt{\gamma}$ において辺々の内積を作り式 (9.12) を使うと，$\boldsymbol{u}^\top\boldsymbol{u} = 1$ であることがわかります．$\boldsymbol{u}$ と $\boldsymbol{v}$ の立場を入れ替えると，関係式 $\boldsymbol{v} = \mathsf{X}^\top\boldsymbol{u}/\sqrt{\gamma}$ も得られます．

$M < N$ を仮定して以上の結果をまとめましょう．もとの固有値方程式 (9.12) の解 $(\gamma_1, \boldsymbol{v}_1), (\gamma_2, \boldsymbol{v}_2), \ldots$ に対応して，正規直交ベクトルの 2 つの集合 $\{\boldsymbol{v}_i\}$ と $\{\boldsymbol{u}_i\}$ が得られ，これらは

$$\mathsf{X}\boldsymbol{v}_i = \sqrt{\gamma_i}\boldsymbol{u}_i, \quad \mathsf{X}^\top\boldsymbol{u}_i = \sqrt{\gamma_i}\boldsymbol{v}_i, \tag{9.14}$$

を満たします．今，$\mathsf{U} \equiv [\boldsymbol{u}_1, \ldots, \boldsymbol{u}_M]$ と $\mathsf{V} \equiv [\boldsymbol{v}_1, \ldots, \boldsymbol{v}_M]$ とおいて 2 番目

の式をまとめると[*1]，$\mathsf{X}^\top\mathsf{U} = \mathsf{V}\Gamma^{1/2}$ となります．ただし Γ は $(\gamma_1, \ldots, \gamma_M)$ を対角要素とする対角行列です．U は直交行列になりますので，右から $\mathsf{U}^\top$ をかけて両辺を転置すると

$$\mathsf{X} = \mathsf{U}\Gamma^{1/2}\mathsf{V}^\top \tag{9.15}$$

という関係式が得られます．これを X の**特異値分解**（singular value decomposition, SVD）と呼びます．固有値分解は正方行列にのみ定義されていましたが，特異値分解はそれを長方形行列に拡張したものと見なすことができます．$\{\boldsymbol{u}_i\}$ を**左特異ベクトル**（left singular vector），$\{\boldsymbol{v}_i\}$ を**右特異ベクトル**（right singular vector），$\{\sqrt{\gamma_i}\}$ を**特異値**（singular value）と呼びます．

特異値分解において，特異値の数を X の**階数**（rank）よりも小さくとると，式 (9.15) は近似式とみなされます．もともと特異ベクトルは，問題 (9.11) の解として得られたものなので，小さな特異値に属する特異ベクトルを無視することは，「あまり人気のない方向（マイナーな波形）は無視する」という操作に当たります．すなわち，**特異値分解による X の低階数近似はノイズ除去をやっているのと同じということです．**

9.4.3 変化度の定義

特異値分解によるパターン抽出技術を使い，いよいよ変化検知の算法を構成しましょう．**図 9.4** のように，時刻 t の周りに，部分時系列を使って過去側と現在側において 2 つのデータ行列 X と Z を作ります．

$$\mathsf{X}^{(t)} \equiv [\boldsymbol{x}^{(t-n-M+1)}, \ldots, \boldsymbol{x}^{(t-M-1)}, \boldsymbol{x}^{(t-M)}] \tag{9.16}$$

$$\mathsf{Z}^{(t)} \equiv [\boldsymbol{x}^{(t-k+L-M+1)}, \ldots, \boldsymbol{x}^{(t-M+L-1)}, \boldsymbol{x}^{(t-M+L)}] \tag{9.17}$$

定義からわかる通り過去側には n 本，現在側には k 本の部分時系列を使っています．それぞれの列ベクトルは長さ M の部分時系列で，式 (9.5) のように定義されています．こうしておくと，$\mathsf{X}^{(t)}$ は，$\xi^{(t-n-M+1)}$ から $\xi^{(t-1)}$ までのデータ，すなわち，現時刻 t の 1 つ前までのデータを使って構成されることがわかります．データ行列 X は，部分時系列の直近の過去の来歴の情報が入っているので，これを特に**履歴行列**（trajectory matrix）と呼ぶことが

---

*1 $\mathsf{X}\mathsf{X}^\top$ は $M \times M$ 次元なので，ゼロ固有値に属するものも含めれば必ず M 本の正規固有基底を作ることができます．

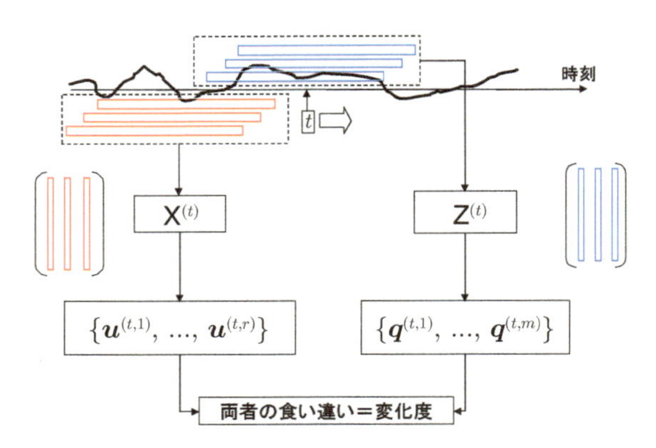

図 9.4 特異スペクトル変換法の説明．部分時系列で作る行列から特異値分解により特徴的なパターンを見出し，過去側と未来側で幾何学的にその食い違いを計算する．

あります．対して，Z は**テスト行列** (test matrix) などと呼ぶことがあります．L は，履歴行列とテスト行列の相互位置を定める非負整数で，通常**ラグ** (lag) と呼ばれます．

次にこれら 2 つの行列に特異値分解を行い，特異値上位の左特異ベクトルを取り出し，行列としてまとめておきます．$\mathsf{X}^{(t)}$ において r 本，$\mathsf{Z}^{(t)}$ において m 本の左特異ベクトルを選ぶことにすれば，それぞれ次の通りです．

$$\mathsf{U}_r^{(t)} \equiv [\boldsymbol{u}^{(t,1)}, \boldsymbol{u}^{(t,2)}, ..., \boldsymbol{u}^{(t,r)}] \tag{9.18}$$

$$\mathsf{Q}_m^{(t)} \equiv [\boldsymbol{q}^{(t,1)}, \boldsymbol{q}^{(t,2)}, ..., \boldsymbol{q}^{(t,m)}] \tag{9.19}$$

それぞれの列ベクトルで張られる空間を**主部分空間** (principal subspace) などと呼びます．

時刻 t において過去側と現在側で主部分空間が求まったとすれば，両者の食い違いを定量化することでその時刻での変化度 が定義できます．まず $r = m = 1$，すなわち，過去側と現在側で 1 つだけ特異ベクトルを選んだ場合は，式 (9.9) で述べた通り

$$a(t) = 1 - \boldsymbol{u}^{(t,1)\top} \boldsymbol{q}^{(t,1)} \qquad (r = m = 1 \text{ の場合}) \tag{9.20}$$

が自然な選択です（係数は重要ではないので省略しました）．$r, m > 1$ の一般の場合への拡張には任意性がありますが，幾何学的に自然な選択として

$$
\begin{aligned}
a(t) &= 1 - \|\mathsf{U}_r^{(t)\top}\mathsf{Q}_m^{(t)}\|_2 \\
&= 1 - \left(\mathsf{U}_r^{(t)\top}\mathsf{Q}_m^{(t)}\text{の最大特異値}\right)
\end{aligned}
\tag{9.21}
$$

という定義が考えられます．ここで $\|\cdot\|_2$ は行列 2 ノルムを意味します．定義は次の通りです．9.4.2 節での議論を振り返れば，行列 2 ノルムが行列の最大特異値に等しいことがわかります．ベクトル 2 ノルムはもちろんユークリッドノルムのことです．

定義 9.1（行列ノルム）

M 次元ベクトル $\boldsymbol{x}$ のベクトル p ノルムを次のように定義する．

$$
\|\boldsymbol{x}\|_p \equiv (|x_1|^p + |x_2|^p + \cdots + |x_M|^p)^{1/p} \tag{9.22}
$$

これを用いて行列 A の**行列 p ノルム**（matrix p-norm）$\|\mathsf{A}\|_p$ を次で定義する．

$$
\|\mathsf{A}\|_p \equiv \max_{\boldsymbol{\varphi}} \frac{\|\mathsf{A}\boldsymbol{\varphi}\|_p}{\|\boldsymbol{\varphi}\|_p} \tag{9.23}
$$

ただし右辺の $\boldsymbol{\varphi}$ は適切に行列との積を定義できる次元のベクトルである．

なお，式 (9.21) の定義の右辺において $\|\mathsf{U}_r^{(t)\top}\mathsf{Q}_m^{(t)}\|_2^2$ を使う流儀もあります．その場合は，$\mathsf{U}_r^{(t)}$ と $\mathsf{Q}_m^{(t)}$ の列空間同士の 2 乗距離を変化度として採用することに当たります．部分空間同士の距離については，Golub-van Loan [5] に初等的な解説があります．そのような変化度の定義についての若干の議論が姉妹書 [9] および文献 [12] にあります．その他，行列 2 ノルム以外の尺度を使う流儀もありますので，文献を読む際には確認が必要です．

上記のように，特異値分解により時系列データの特徴パターンを求め，それに基づき変化度を求める手法を**特異スペクトル変換**（singular spectrum transformation）または**特異スペクトル解析**（singular spectrum analysis）と呼びます．なお，「スペクトル」という名前は，物理学では固有値分解（特異値分解）をスペクトル分解と呼ぶところに由来します．特異スペクトル変換法による変化度の計算手順をアルゴリズム 9.2 にまとめておきます．

特異スペクトル変換による変化度の計算結果を，**図 9.5** に示します．この

アルゴリズム 9.2 特異スペクトル変換

時系列 $\mathcal{D} = \{\xi^{(1)}, \xi^{(2)}, \ldots, \xi^{(T)}\}$ を用意する．窓幅 M，履歴行列の列数 n とパターン数 r，テスト行列の列数 k とパターン数 m，ラグ L を決める．$t = (M+k), \ldots, (T-L+1)$ において次の計算を行う．

1. **履歴行列とテスト行列の構成** (9.16) と (9.17) 式から $\mathsf{X}^{(t)}$ と $\mathsf{Z}^{(t)}$ を作る．
2. **特異値分解** $\mathsf{X}^{(t)}, \mathsf{Z}^{(t)}$ を特異値分解し，左特異ベクトルの行列 $\mathsf{U}_r^{(t)}, \mathsf{Q}_m^{(t)}$ を求める．
3. **スコアの計算** ${\mathsf{U}_r^{(t)}}^\top \mathsf{Q}_m^{(t)}$ の最大特異値を計算し，(9.21) 式に代入することで変化度 $a(t)$ を計算する．

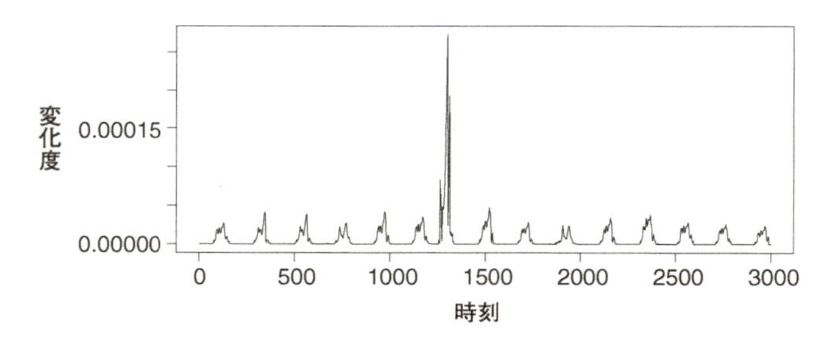

図 9.5 心電図データの変化検知結果．縦軸が変化度，横軸が時間．

例では**図 1.1** の心電図データを読み込み，長さ 3,000 の時系列データを作った後，$M = 50, n = k = M/2, L = k/2, r = 3, m = 2$ として特異スペクトル変換法を用いて変化度を計算しています．もとデータの異常波形の近傍で著しいピークがあることがわかります．

9.5 ランチョス法による特異スペクトル変換の高速化

変化検知に適用した特異スペクトル変換の 1 つの課題は計算コストが高い

ことです．これはいうまでもなく，特異値分解という重い演算を反復的に行うためです．算法を工夫することで一部の特異値分解の計算を省略して，大幅に計算を効率化することができます．ここで考えるのは次の問題です．

定義 9.2（固有射影計算問題）

M 次元実対称行列 C と，$\boldsymbol{a}^\top \boldsymbol{a} = 1$ を満たす M 次元ベクトル $\boldsymbol{a}$ が与えられている．C の固有ベクトルを $\boldsymbol{u}^{(1)}, \boldsymbol{u}^{(2)}, \ldots$ とするとき，これらと $\boldsymbol{a}$ との内積

$$h_i(\mathsf{C}, \boldsymbol{a}) \equiv \boldsymbol{a}^\top \boldsymbol{u}^{(i)} \tag{9.24}$$

を計算せよ．

特異スペクトル変換の変化度 (9.21) で $m = 1$ とすれば

$$a(t) = 1 - \sqrt{\sum_{i=1}^{r} h_i(\mathsf{XX}^\top, \boldsymbol{q}^{(t,1)})^2} \tag{9.25}$$

のように，変化度の計算は $\boldsymbol{q}^{(t,1)}$ の計算と内積の計算に帰着されます．変化度の定義自体に変更を加えて，現在側の部分時系列の 1 本ないし何本かを $\boldsymbol{q}^{(t,1)}$ の代わりに使うことも場合によっては可能でしょう．いずれにしろ，もし式 (9.24) の内積を，$\mathsf{XX}^\top$ の固有値分解を直接行うことなく何らかの手法で効率よく計算できれば，特異スペクトル変換の高速化が可能になります．

C についての固有値方程式 $\mathsf{C}\boldsymbol{u}_i = \gamma_i \boldsymbol{u}_i$ において，M 本の正規直交ベクトル $\boldsymbol{a}_1, \ldots, \boldsymbol{a}_M$ を列ベクトルとする行列 $\mathsf{A} \equiv [\boldsymbol{a}_1, \ldots, \boldsymbol{a}_M]$ を使い，$\boldsymbol{u}_i = \mathsf{A}\boldsymbol{b}_i$ と置いてみます．すると $\boldsymbol{b}_i$ は

$$\mathsf{A}^\top \mathsf{CA}\boldsymbol{b}_i = \gamma_i \boldsymbol{b}_i \tag{9.26}$$

という固有値方程式を満たします．今

$$\boldsymbol{a}_1 = \boldsymbol{a}$$

と選んだとすると，明らかに

$$h_i(\mathsf{C}, \boldsymbol{a}) = \boldsymbol{a}^\top \mathsf{A}\boldsymbol{b}_i = (\boldsymbol{b}_i\text{の第 1 成分}) \tag{9.27}$$

が成り立ちます．したがって，$\boldsymbol{a}_1 = \boldsymbol{a}$ の条件のもとで，$\mathsf{A}^\top\mathsf{C}\mathsf{A}$ が固有値分解容易な行列になるようにうまく A を選ぶことができれば，$\boldsymbol{u}_i$ を経由せずに直接内積を計算できます．

そのような都合のよい選択が実はあります．それは，C を **3 重対角化**（tridiagonalize）するように A を選ぶことです．**3 重対角行列**（tridiagonal matrix）とは

$$\begin{pmatrix} \alpha_1 & \beta_1 & 0 & 0 & 0 & \cdots \\ \beta_1 & \alpha_2 & \beta_2 & 0 & 0 & \cdots \\ 0 & \beta_2 & \alpha_3 & \beta_3 & 0 & \cdots \\ 0 & 0 & \beta_3 & \alpha_4 & \beta_4 & \cdots \\ 0 & 0 & 0 & \beta_4 & \alpha_5 & \ddots \\ \vdots & \vdots & \vdots & \vdots & \ddots & \ddots \end{pmatrix} \tag{9.28}$$

のように，対角要素とその上下に非ゼロの値が入り，それ以外の要素は全部 0 であるような行列です．3 重対角行列の固有分解が通常の行列よりも圧倒的に効率よく，M^2 のオーダーの計算量で行えることは数値計算においてよく知られています [22]．

上記の 3 重対角行列を T とおくと A の満たすべき方程式は $\mathsf{A}^\top\mathsf{C}\mathsf{A} = \mathsf{T}$ です．これから得られる $\mathsf{C}\mathsf{A} = \mathsf{A}\mathsf{T}$ において両辺の列ベクトル同士を比較することで，第 j 列について

$$\mathsf{C}\boldsymbol{a}_j = \beta_{j-1}\boldsymbol{a}_{j-1} + \alpha_j\boldsymbol{a}_j + \beta_j\boldsymbol{a}_{j+1} \tag{9.29}$$

が得られます．ただし，$j = 1$ については $\boldsymbol{a}_0 = \boldsymbol{0}, \beta_0 = 1$ とするものとします．$\{\boldsymbol{a}_i\}$ が正規直交性を満たすことに注意すると，アルゴリズム 9.3 のようにして C を 3 重対角化できることが容易に確認できます．この漸化式を**ランチョス法**（Lanczos algorithm）と呼びます．

ランチョス法を，C の次元 M までやらずに途中の $s < M$ で止めると，$\mathsf{A}^\top\mathsf{C}\mathsf{A} = \mathsf{T}$ は，$M \times M$ 行列 C を $s \times s$ の 3 重対角行列に圧縮する変換とみなせます．実はランチョス法は，制約 $\boldsymbol{a}_1 = \boldsymbol{a}$ のもとで，C の上位の固有ベクトルの成分を濃縮するためのある意味で最適な方法であることを証明できます．詳細は原論文 [12] を参照してください．

固有射影計算問題の解法をアルゴリズム 9.4 にまとめておきます．この解法は変化検知のみならず，たとえば，第 7 章で述べた方向データの異常検知，あるいは，テキストマイニングで現れるコサイン尺度の高速計算など，幅広い応用範囲を持ちます．

アルゴリズム 9.3 ランチョス法

1. C と $\boldsymbol{a}$ を与える．3 重対角化行列の次元 s を決める．$\boldsymbol{a}_0 = \boldsymbol{0}, \beta_0 = 1, \boldsymbol{r} = \boldsymbol{a}$ とおく．
2. $j = 1, 2, \ldots, s$ について次式を反復する．

$$\boldsymbol{a}_j \leftarrow \boldsymbol{r}/\beta_{j-1} \tag{9.30}$$

$$\alpha_j \leftarrow \boldsymbol{a}_j^\top \mathsf{C} \boldsymbol{a}_j \tag{9.31}$$

$$\boldsymbol{r} \leftarrow \mathsf{C}\boldsymbol{a}_j - \alpha_j \boldsymbol{a}_j - \beta_{j-1}\boldsymbol{a}_{j-1} \tag{9.32}$$

$$\beta_j \leftarrow \|\boldsymbol{r}\| \tag{9.33}$$

3. $s \times s$ の 3 重対角行列 T_s を結果として返す．

アルゴリズム 9.4 固有射影計算問題の解法

1. C と $\boldsymbol{a}$ を与える．必要な固有射影の個数 s を与える．
2. アルゴリズム 9.3 によりランチョス法の計算を行い，3 重対角行列 T_s を求める．
3. T_s の固有値分解を行い，s 個の固有ベクトル $\boldsymbol{b}_1, \ldots, \boldsymbol{b}_s$ を求める．
4. $h_i(\mathsf{C}, \boldsymbol{a}) = (\boldsymbol{b}_i$の第 1 成分$)$．

Chapter 10

疎構造学習による異常検知

多変量の変数で表される系の監視業務などでは，個々の異常事象に対する各変数の寄与度を知ることが重要です．単純ベイズ法のようなある意味極端な方法を除き，それを行うための手段は実は多くはありません．本章では，変数同士の依存関係の崩れを異常と結びつける，という考え方に基づき，個々の変数の異常度を計算する手法を解説します．変数同士の依存関係を学習するにあたっては，本質的な依存関係を効率よく抽出できるよう算法を工夫します．それにより，見かけ上の次元が高くても，系に内在するモジュール構造を自動的に抽出することが可能になります．本章で説明する手法は，ホテリングの T^2 法などの古典理論の課題を解決したものとしては，最も重要なものの１つです．

10.1 変数間の関係に基づく異常の判定: 基本的な考え方

ホテリングの T^2 法では異常度はマハラノビス距離 (2.9) として定義されていました．この式の形からわかる通り，観測値 $\boldsymbol{x}'$ が平均値からずれると異常度の値は大きくなります．ホテリングの T^2 法は基本的に，一定値に張りつくような量の監視に向いていますが，たとえば，船舶のエンジンのように，出力が常時変動するような物理量の監視には向いていません．

この課題を解決する１つの方法は，変数の値そのものではなく，変数の

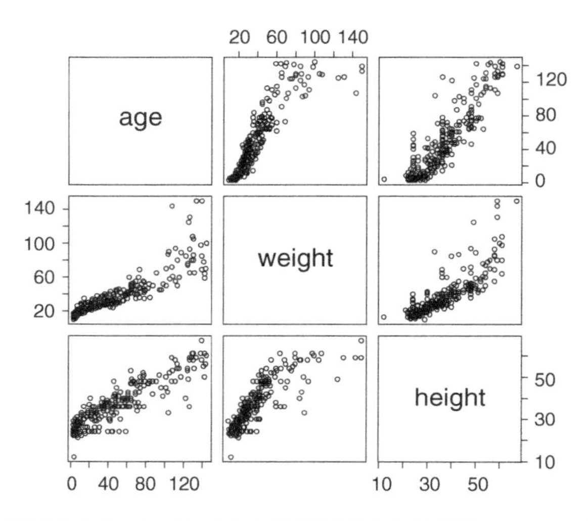

図 10.1 依存関係のあるデータの例．たとえば上段の真ん中の区画は，weight を横軸，age を縦軸とする散布図で，左の段の上から 2 つ目は，age を横軸，weight を縦軸とする散布図．

関係に着目して異常を判定することです．例として**図 10.1** を見てみましょう [*1]．これは子供の月齢 age，体重 weight（単位はポンド），身長 height（単位はインチ）について，変数を 2 つずつ散布図として表現したものです．明らかに，たとえば，月齢が高い子供は体重も重いという傾向が読み取れます．したがって，正常時に期待される月齢と体重の関係が満たされていない場合，例外標本として検出することができるでしょう．3.2 節の**図 3.1** のところでも述べた通り，変数を個別に監視する簡便法の改善という意味でも重要な方法といえます．

このような考え方で異常検知を行う場合，技術的な課題は少なくとも 2 つあります．1 つは，変数同士の関係をどのように「科学的」に表現すべきかという問題です．もう 1 つは，変数同士の関係のモデルが得られたとして，どのように異常度を計算するかという問題です．本章冒頭で述べたホテリングの T^2 法の課題からすれば，次のような**異常箇所同定**問題（anomaly localization）と呼ばれる問題設定を考えるのが自然です．

*1 R の UsingR パッケージに含まれる kid.weights データ．

定義 10.1（異常箇所同定問題）

訓練データとして M 次元の標本が N 個，$\mathcal{D} = \{\boldsymbol{x}^{(1)}, \ldots, \boldsymbol{x}^{(N)}\}$ のように与えられている．異常箇所同定問題とは，新たな標本 $\boldsymbol{x}'$，または標本の集合 $\mathcal{D}' = \{\boldsymbol{x}'^{(1)}, \ldots, \boldsymbol{x}'^{(N')}\}$ が与えられたとき，各次元に対して異常度を計算する問題である．

第 3 章で述べた単純ベイズ法では，M 次元の観測データに対して単一の異常度のみを計算する外れ値検出問題と，上記の異常箇所同定問題には本質的な差はありませんが，変数の依存関係の存在を前提にした場合，どのように個々の変数の寄与を切り分けるかが課題になります．

10.2 変数同士の関係の表し方

変数同士の関係は，変数を頂点，関係の有無を辺とするグラフで表現できます．変数同士の関係と一口にいっても，実世界のデータにはノイズや誤差がつきものですから，0 か 1 かで確定したような関係を想定することはできません．実用上有用なのは，変数の間の関係の有無を，統計的独立性に対応させる考え方です．

10.2.1 対マルコフグラフ

変数同士の関係をグラフで表現するやり方のうち，最も単純なものが，2 つの変数の間の関係だけに注目するモデルです．すなわち，「2 つの変数が統計的に（他の変数を与えたときに条件つき）独立である」ということと「2 つの変数の間に辺がない」ことを同一視して，確率分布からグラフを構築します．記号的にはしばしば

$$x_i \perp\!\!\!\perp x_j \mid \text{他の変数} \quad \Leftrightarrow \quad (x_i \text{ と } x_j \text{ の間に辺がない}) \tag{10.1}$$

のように書かれます．ここで $\perp\!\!\!\perp$ は統計的独立性を意味する記号です[*2]．縦

*2 幾何学で直交性を表す記号 $\perp$ と似ています．直交も独立も，両者が無関係だという意味では似ているからです．

棒 | は，条件つき確率と同様に，他の変数を与えたときに条件つき独立である，という内容を表現するのに使われています．この考え方でグラフと確率分布を結びつけるモデルを一般に**対**（つい）**マルコフネットワーク**（pairwise Markov network）や**対マルコフグラフ**（pairwise Markov graph），あるいは**対マルコフ確率場**（pairwise Markov random field）などと呼びます．「対」という言葉は2つの変数の間の関係のみを考え，3変数以上の絡み合いは直接は考えない，という意味です．

確率分布と変数の関係を表すグラフが対応したということは，グラフ構造をデータから学習する問題（これをしばしば**構造学習**（structure learning）と呼びます）が，データ $\mathcal{D}$ から確率分布を学習する問題に帰着できることを意味します．どのような確率モデルを最初に仮定するかに対応して，さまざまな構造学習の手法が考えられます．次節では，多変量正規分布（ガウス分布）を用いた構造学習の手法を紹介します．

10.2.2 直接相関と間接相関を区別する

先に行く前に，ここで，上で述べた「条件つき独立」ということの意味を確実に理解しておくことが必要です．なぜわざわざ「条件つき」とするのかといえば，間接相関と直接相関を正確に区別するためです*3．これを説明するために，有名な「教会と殺人のパラドックス」という話を紹介します [20]．ある国の国勢調査の結果を眺めていた人が，都市ごとに教会の数と殺人や強盗などの重大犯罪事件の件数を抜き出して，散布図としてプロットしてみました．すると，まるで**図 10.1** の月齢と身長のように，きれいな比例関係があることを発見しました．なんと，教会が多ければ多いほど強盗の数は多いのです！

ただの相関を構造学習に使うことが適切ではない理由はこの例から明らかです．いうまでもなく，教会の数と殺人事件の件数には直接の関係があるはずはなく，「都市の人口」という変数を介して間接的に関係しているに過ぎません．たとえば，人口がたとえば20万人から22万人といったような狭い範囲に限定していろんな都市の傾向を調べてみれば，おそらく，教会数と強盗数は無相関という結果になるはずです．

---

*3 間接相関と直接相関という言葉は，10.3節で正確に定義します．この時点では語感から類推される常識的な理解で十分です．

より具体的にするために例を**図 10.2** に示します．この例では，標本は 3 次元空間でさつまいものような楕円体の形で分布しています．x_1 が教会の数，x_2 が強盗の数，x_3 が都市の人口，のイメージです．全体的に眺めると x_1 と x_2 は線形に相関していそうに見えるのですが，x_3 ごとに輪切り *4 にしてみると x_1 と x_2 の間には直接の関係があるとはいえないことがわかります．図では $x_3 = 0$ での輪切りでしたが，x_3 のどの値での輪切りにおいても取り立てて x_1 と x_2 の間に関係が見出されないならば，x_1 と x_2 は実は直接は関係していないと結論できそうです．

もう少し形式的にいえばこういうことになります．データ $\mathcal{D}$ から何らかの手段で確率分布 $p(\boldsymbol{x})$ を求めたとし，たとえば x_1 と x_2 の依存関係に興味があるとします．x_1 と x_2 に対する周辺分布

$$p(x_1, x_2) = \int \mathrm{d}x_3 \cdots \mathrm{d}x_M \, p(\boldsymbol{x}) \quad \text{または} \quad \sum_{x_3} \cdots \sum_{x_M} p(\boldsymbol{x}) \tag{10.2}$$

は，他の変数から来る間接的な依存関係も含めた関係を表現します．教会と殺人のパラドックスを起こすのはこれです．一方，条件つき分布

$$p(x_1, x_2 \mid x_3, \ldots, x_M) = \frac{p(\boldsymbol{x})}{p(x_3, \ldots, x_M)} \tag{10.3}$$

の方は，$x_3, \ldots, x_M$ の異なる値で「輪切り」したときの，x_1 と x_2 の間の直接の依存関係を表現しています．どのような値で輪切りしても x_1 と x_2 の間に明確な依存関係が見えなければ，直接の依存関係がないという結論になります．教会と殺人には直接の関係がない，という結論を出せるのはこちらです．

実用上当然の疑問は，構造学習のためには**図 10.2** でやったような輪切り作業を，「すべての変数のペア」と「条件として与える他の変数の値」ごとにやらないといけないのだろうか，というものです．原理的にはその通りですが，たとえば正規分布など，特定の確率分布を仮定することで，ずっと簡単に対マルコフグラフを構築することができます．

---

*4 統計学の正式な用語では**層別**（stratification）と呼びます．

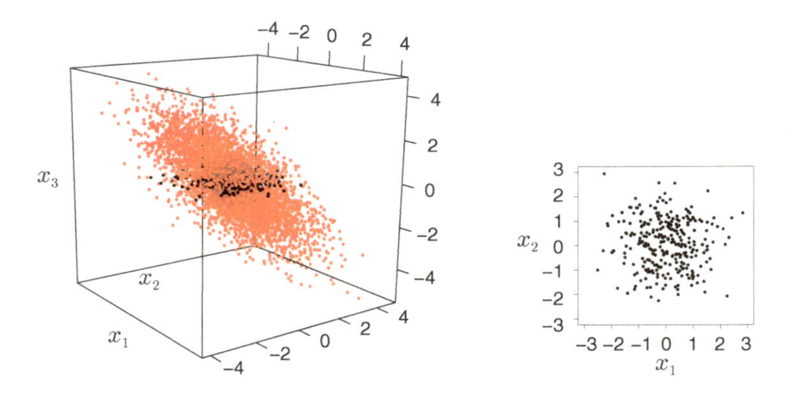

図 10.2　3 変数の直接相関と間接相関を説明する例．左の散布図において，$-0.1 < x_3 \leq 0.1$ に該当する標本が黒く塗り分けられており，それが右の図で抜き出されている．いわば x_3 ごとに輪切りにして見ると，x_1 と x_2 は何の関係もないことがわかる．

10.3　正規分布に基づく対マルコフグラフ

確率分布 $p(\boldsymbol{x})$ として多変量正規分布を想定したマルコフグラフモデルを，本書では**ガウス型グラフィカルモデル**（Gaussian graphical model）と呼びます*5．なお，少なくとも異常検知の文脈では，ガウス型グラフィカルモデルを使うことは，多変量正規分布というめがねをかけて変数間の関係を特徴づけるということを意味しています．$\mathcal{D}$ の標本は必ずしも多変量正規分布に従う必要はありません．これは任意の分布に従うデータの少なくとも一部の特徴を，標本平均や標本分散で表せるのと同様です．

$\mathcal{D}$ の各標本 $\boldsymbol{x}^{(n)}$ の第 i 成分 $(i = 1, \ldots, M)$ に対し標準化変換

$$x_i^{(n)} \leftarrow \frac{x_i^{(n)} - \hat{\mu}_i}{\sqrt{\hat{\Sigma}_{i,i}}} \tag{10.4}$$

をあらかじめ行うことで，一般性を失わずに $\mathcal{D}$ の標本平均を $\mathbf{0}$，各次元の分

*5　本書執筆時点で，ガウシアングラフィカルモデル，グラフィカルガウシアンモデル，ガウスグラフィカルモデル [7] などの訳語もあるようです．

散を 1 と仮定できます．ただし標本平均 $\hat{\boldsymbol{\mu}}$ は式 (2.3)，標本共分散行列 $\hat{\Sigma}$ は式 (2.4) で定義されています．以下の議論では，共分散行列ではなく精度行列で多変量正規分布を表した方が表現が簡潔になるので，次の形の M 次元正規分布

$$\mathcal{N}(\boldsymbol{x}|\mathbf{0},\Lambda^{-1}) \equiv \frac{|\Lambda|^{1/2}}{(2\pi)^{M/2}} \exp\left(-\frac{1}{2}\boldsymbol{x}^\top \Lambda \boldsymbol{x}\right) \tag{10.5}$$

を使って対マルコフグラフを構成することを考えます．Λ が精度行列です．標本平均は 0 にしている前提なので，$M \times M$ 行列 Λ がこのモデルの唯一のパラメターです．

ガウス型グラフィカルモデルでは，式 (10.1) の条件を，Λ を使って極めて明瞭に表せます．たとえば x_1 と x_2 の関係を調べたいとしましょう．このためには，式 (10.3) のような条件つき確率を求める必要があります．式から明らかな通り，$p(x_1, x_2 \mid x_3, \ldots, x_M)$ は，x_1 および x_2 の関数としては，$p(\boldsymbol{x})$，すなわち $\mathcal{N}(\boldsymbol{x}|\mathbf{0},\Lambda^{-1})$ に比例しています．したがって，$\mathcal{N}(\boldsymbol{x}|\mathbf{0},\Lambda^{-1})$ の中で，x_1 と x_2 に関係している部分をすべて拾うと

$$p(x_1, x_2 \mid x_3, \ldots, x_M) \propto \exp\left\{-\frac{1}{2}(\Lambda_{1,1}x_1^2 + 2\Lambda_{1,2}x_1x_2 + \Lambda_{2,2}x_2^2)\right\}$$

となることがただちにわかります．ここで Λ が対称行列であることを使いました．$x_3, \ldots, x_M$ を与えたときに x_1 と x_2 が統計的に独立であるためには，$p(x_1, x_2 \mid x_3, \ldots, x_M)$ が，x_1 に関する部分と x_2 に関する部分の積として書ける必要があります．この条件は，上式から明らかに，$\Lambda_{1,2} = 0$ です．逆が成り立つことも明らかです．一般的に書くと次の通りです．

$$\Lambda_{i,j} = 0 \quad \Leftrightarrow \quad x_i \perp\!\!\!\perp x_j \mid \text{他の変数} \tag{10.6}$$

もし精度行列 Λ の (i,j) 成分が 0 でなければ，「x_i と x_j の間に**直接相関**（direct correlation）がある」と表現します．量

$$r^{i,j} \equiv -\frac{\Lambda_{i,j}}{\sqrt{\Lambda_{i,i}\Lambda_{j,j}}} \tag{10.7}$$

は，直接相関に対する相関係数に当たるもので，特に**偏相関係数**（partial correlation coefficient）と呼ばれます．「偏」というのは「直接相関だけを選択した」という意味です．

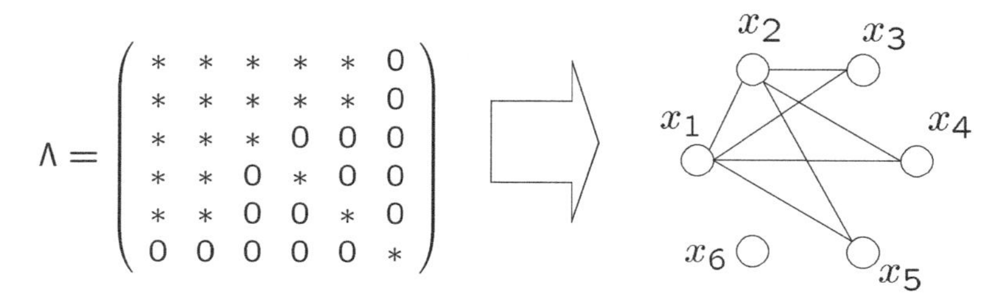

図 10.3　多変量正規分布を対マルコフグラフに翻訳する方法．*は非ゼロの要素を表す．精度行列の要素が 0 なら対応する辺を描かない．

ガウス型グラフィカルモデルにおいて，直接相関が 0 であるにもかかわらず共分散行列 Σ の (i,j) 成分が 0 でない場合，その相関を**間接相関**（indirect correlation）と呼びます．式 (10.2) のところで説明した通り，周辺分布は，間接相関と直接相関をあわせた効果を表現しています．ガウス型グラフィカルモデルの場合，周辺分布は解析的に計算できて，式 (10.2) は以下のようになります．

$$p(x_1, x_2) = \mathcal{N}\left(\begin{bmatrix} x_1 \\ x_2 \end{bmatrix} \middle| \begin{bmatrix} 0 \\ 0 \end{bmatrix}, \begin{bmatrix} \Sigma_{1,1} & \Sigma_{1,2} \\ \Sigma_{2,1} & \Sigma_{2,2} \end{bmatrix}\right)$$

この式は 8.4 節で紹介した正規分布の分割公式 (8.25) からただちに出てきます．ガウス型グラフィカルモデルの場合，精度行列は直接相関を表し，共分散行列は直接相関と間接相関の和を表す，という簡潔な結論になります．

まとめを兼ねて，ガウス型グラフィカルモデルにおいて，どのように確率分布をグラフ構造に対応させるかを，$M = 6$ の場合に**図 10.3** に描いておきます．結局のところ，変数同士の直接的な相関構造を求めるという問題は，多変量正規分布の精度行列を求めるという問題と等価であることがわかりました．実用上の要請を満たしつつ，それをどう実行するかを次節で説明します．

10.4　疎なガウス型グラフィカルモデルの学習

一般に構造学習を行う目的は，主要な直接相関の構造を浮かび上がらせることにあります．解釈のしやすさ観点からすれば，本質的な直接相関を落とさぬ範囲でできるだけ**疎な**（sparse）グラフが好ましいといえます．図 10.3 を見返してみると，これは精度行列の独立な非対角要素 15 個のうちおよそ半数が 0 ですが，それでもグラフとしてはかなり込み入った印象になっています．異常検知の文脈では，正常時のモデルを疎なグラフとして保持しておくことは，ノイズへの頑強性という観点でも非常に有用です．

以下では，疎なガウス型グラフィカルモデルの学習を可能にする標準的な手法である**グラフィカルラッソ**（graphical lasso）と呼ばれる手法 [4] を紹介します．

10.4.1 ラプラス事前分布による疎な構造の実現

M 次元ベクトル N 個からなるデータ $\mathcal{D}$ が，$\mathcal{D} = \{\boldsymbol{x}^{(n)} \mid n = 1, \ldots, N\}$ のように与えられているとします．先に述べた通り，標準化変換により，平均が 0，各変数の標準偏差が 1 となっていると仮定します．このデータの標本共分散行列を S と書くことにします．S は

$$\mathsf{S}_{i,j} \equiv \frac{1}{N} \sum_{n=1}^{N} x_i^{(n)} x_j^{(n)} \tag{10.8}$$

のように与えられます．これは変換前のデータの相関係数行列と同じものです．

精度行列 $\mathsf{\Lambda}$ をデータから学習するにあたり，2.1 節で説明した手法で単純に最尤推定を行うことも考えられます．この場合，容易に解 $\mathsf{\Lambda} = \mathsf{S}^{-1}$ が得られます．しかし変数の数 M が数 10 以上の状況では，標本共分散行列が数値的に正則であることは実用上はまれで，また，仮に正則であったとしても精度行列が自動的に疎になるということはほとんどあり得ません．運よく S^{-1} が計算できたとして，これを疎にするため，適当な閾値を使って絶対値の小さい要素を 0 とすることを考えても実用上うまく行きません．まず 0 に切り捨てる閾値に結果が敏感に左右されるという問題があり，そして何より，結果として得られる精度行列がもはやガウス型グラフィカルモデルではなくなり，したがって，直接相関と間接相関を切り分けるという性質を失ってしまうためです．なぜガウス型グラフィカルモデルでなくなるかといえば，適当に要素をいじってしまうと，式 (10.5) において $\mathsf{\Lambda}$ が満たすべき数学的な条

件，たとえば正定値性が破れ，式 (10.5) がもはや確率分布とは呼べなくなるからです．

したがって，明示的に精度行列の疎性を制御する仕組みを構造学習の中に取り込む必要があります．そのために，$\mathsf{\Lambda}$ に，疎な解を好むような事前分布を付し，最大事後確率推定（3.4 節参照）により精度行列を推定することを考えます．そういうものとして次の**ラプラス分布**（Laplace distribution）があります．

$$p(\mathsf{\Lambda}) = \frac{\rho}{2}\exp\left(-\rho\|\mathsf{\Lambda}\|_1\right) \tag{10.9}$$

ここで $\|\mathsf{\Lambda}\|_1$ は $\sum_{i,j=1}^{M}|\mathsf{\Lambda}_{i,j}|$ により定義されます．$1/\rho$ は**尺度**（scale）と呼ばれるパラメターで，正規分布でいえば標準偏差にあたります．式の形から明らかにわかるように，この事前分布は，$\mathsf{\Lambda}$ の要素の値を 0 付近に束縛する効果を持ちます．そうしてガウス型グラフィカルモデルの**隣接行列**（adjacency matrix）$\mathsf{\Lambda}^*$ を，事後確率最大原理（3.4 節参照）に従って求めます．

$$\mathsf{\Lambda}^* = \arg\max_{\mathsf{\Lambda}}\left\{\ln p(\mathsf{\Lambda})\prod_{n=1}^{N}\mathcal{N}(\boldsymbol{x}^{(n)}|\mathbf{0},\mathsf{\Lambda})\right\} \tag{10.10}$$

すなわち，

$$\mathsf{\Lambda}^* = \arg\max_{\mathsf{\Lambda}} f(\mathsf{\Lambda};\mathsf{S},\rho), \tag{10.11}$$

$$f(\mathsf{\Lambda};\mathsf{S},\rho) \equiv \ln\det\mathsf{\Lambda} - \mathrm{tr}(\mathsf{S}\mathsf{\Lambda}) - \rho\|\mathsf{\Lambda}\|_1 \tag{10.12}$$

ここで $\det\mathsf{\Lambda}$ は $\mathsf{\Lambda}$ の行列式です．これまでは $|\mathsf{\Lambda}|$ と書いていたものですが，絶対値とまぎらわしいのでここでは表記を変えました．式 (10.11) の右辺第 3 項はしばしば **$\mathbf{L}_1$ 正則化**（L_1 regularization）項と呼ばれます*6．この項の前の重み ρ は，今の文脈では異常検知性能を最大化するように決定することになります（1.4.3 項参照）．

10.4.2 ブロック座標降下法による最適化

式 (10.11) は，4.2.4 項でもやったように，勾配法を使って手軽に解くことができます．行列の微分公式 (2.7) を用いると，式 (10.11) の勾配が

*6 正則化は現代の機械学習の中核をなす重要な考え方です．なじみのない読者は，赤穂 [1] を一読することを勧めます．

$$\frac{\partial f}{\partial \mathsf{\Lambda}} = \mathsf{\Lambda}^{-1} - \mathsf{S} - \rho \,\mathrm{sign}(\mathsf{\Lambda}) \tag{10.13}$$

と与えられることがわかります．ただし行列 sign(Λ) は

$$\mathrm{sign}(\mathsf{\Lambda})_{i,j} \equiv \begin{cases} 1 & \mathsf{\Lambda}_{i,j} > 0 \\ -1 & \mathsf{\Lambda}_{i,j} < 0 \end{cases}$$

のように定義されます．ベクトルやスカラーに対する sign 関数も同様です．$\mathsf{\Lambda}_{i,j} = 0$ の場合は値が定まらないのですが，とりあえず絶対値 1 以下の実数を何か割り当てると考えておきます．これも 4.2.4 節で説明した劣勾配法の一例です．

いつもの通り，勾配をゼロ行列とする方程式 $\partial f / \partial \mathsf{\Lambda} = 0$ を解けばいいのですが，$\rho > 0$ の場合は解析的に解が求まらないので，各変数に対応する行または列のそれぞれについて，「ほかを既知として 1 つの行（または列）について解く」という操作を，収束するまで繰り返すことを試みます．一般に，ほかの変数を固定して 1 つの変数に対して勾配法を適用する手法を**座標降下法**（coordinate descent）と呼びます．この場合は，下で述べる通り行列の 1 つの行または列をかたまりとして座標降下法を適用しているので，特に**ブロック座標降下法**（block coordinate descent）という用語で呼びます．

ある特定の変数 x_i を抜き出し，第 M 番目の次元に置いたとします．これに対応して，Λ とその逆行列，および標本共分散行列 S において，M 番目の行と列を特別視して

$$\tilde{\mathsf{\Lambda}} = \begin{pmatrix} \mathsf{L} & \boldsymbol{l} \\ \boldsymbol{l}^\top & \lambda \end{pmatrix}, \quad \tilde{\mathsf{\Lambda}}^{-1} = \begin{pmatrix} \mathsf{W} & \boldsymbol{w} \\ \boldsymbol{w}^\top & \sigma \end{pmatrix}, \quad \tilde{\mathsf{S}} = \begin{pmatrix} \mathsf{R} & \boldsymbol{s} \\ \boldsymbol{s}^\top & s_{i,i} \end{pmatrix}$$

のように表記します[*7]．たとえば R は，x_i に対する行と列を抜いた $M-1$ 次元の行列を表します．$\tilde{\mathsf{\Lambda}}$ と $\tilde{\mathsf{\Lambda}}^{-1}$ は逆行列なので，L や W は独立ではなく，次の関係を満たします．

$$\tilde{\mathsf{\Lambda}}^{-1}\tilde{\mathsf{\Lambda}} = \begin{pmatrix} \mathsf{WL} + \boldsymbol{w}\boldsymbol{l}^\top & \mathsf{W}\boldsymbol{l} + \lambda \boldsymbol{w} \\ \boldsymbol{w}^\top \mathsf{L} + \sigma \boldsymbol{l}^\top & \boldsymbol{w}^\top \boldsymbol{l} + \sigma\lambda \end{pmatrix} = \begin{pmatrix} \mathsf{I}_{M-1} & \mathbf{0} \\ \mathbf{0}^\top & 1 \end{pmatrix} \tag{10.14}$$

---

*7 ~をつけたのは，i 番目の行と列を端に寄せた結果，もとの行列と要素番号が変わっているからです．これは添え字の定義の変更に過ぎませんので，たとえば Λ が正定なら $\tilde{\mathsf{\Lambda}}$ も正定です．

さて，上記の分割を前提にすれば，方程式 $\partial f/\partial \mathsf{\Lambda} = 0$ の条件は，行列のブロックごとに次のように書き下せます．

$$\mathsf{W} - \mathsf{R} - \rho\,\mathrm{sign}(\mathsf{L}) = 0 \tag{10.15}$$

$$\boldsymbol{w} - \boldsymbol{s} - \rho\,\mathrm{sign}(\boldsymbol{l}) = \boldsymbol{0} \tag{10.16}$$

$$\sigma - s_{i,i} - \rho\,\mathrm{sign}(\lambda) = 0 \tag{10.17}$$

ブロック座標降下法では，L および W を既知として，それ以外の部分をこれらの関数として求めるのが目標です．したがって，式 (10.16) と式 (10.17) のみを何とかして解くことを考えます．

まず，対角要素に関する式 (10.17) から考えます．$\mathsf{\Lambda}$ は正定値行列であるためその逆行列も正定値で，その対角要素は正でなければなりません*8．したがって，対角要素に関しては，未知量 σ に関して

$$\sigma = s_{i,i} + \rho \tag{10.18}$$

という式が得られます．

次に式 (10.16) について考えます．まず，式 (10.14) の右上ブロックについての式 $\mathsf{W}\boldsymbol{l} + \lambda\boldsymbol{w} = \boldsymbol{0}$ から

$$\boldsymbol{l} = -\lambda \mathsf{W}^{-1}\boldsymbol{w} \tag{10.19}$$

が成り立つことに注意します．正定値行列 $\mathsf{\Lambda}$ の対角要素は正であることに再び注意すれば，$\mathrm{sign}(\boldsymbol{l}) = -\mathrm{sign}(\mathsf{W}^{-1}\boldsymbol{w})$ が成り立つことがわかります．それゆえ，式 (10.16) は次のように書き直せます．

$$\boldsymbol{w} - \boldsymbol{s} + \rho\,\mathrm{sign}(\mathsf{W}^{-1}\boldsymbol{w}) = 0$$

ここで $\boldsymbol{\beta} \equiv \mathsf{W}^{-1}\boldsymbol{w}$ と定義すると，この式は

$$\mathsf{W}\boldsymbol{\beta} - \boldsymbol{s} + \rho\,\mathrm{sign}(\boldsymbol{\beta}) = 0 \tag{10.20}$$

となります．今，任意の j について

*8　正定値性の定義から，任意の M 次元ベクトル $\boldsymbol{c}$ に対して $\boldsymbol{c}^\top \mathsf{\Lambda} \boldsymbol{c} > 0$ ですが，特に $\boldsymbol{c} = (1, 0, \ldots, 0)^\top$ と置けば $\mathsf{\Lambda}_{1,1} > 0$ がいえます．ほかの成分も同様です．$\mathsf{\Lambda}^{-1}$ についても同様に示せます．

$$A_j \equiv s_j - \sum_{k \neq j} \mathsf{W}_{j,k}\beta_k \tag{10.21}$$

という量を定義すると，式 (10.20) の第 j 成分は

$$\mathsf{W}_{j,j}\beta_j + \rho\,\mathrm{sign}(\beta_j) - A_j = 0 \tag{10.22}$$

と書けます．今，仮に $\beta_j > 0$ としてみます．精度行列の，したがってその逆行列の正定値性より，$\mathsf{W}_{j,j} > 0$ であることに注意すれば，左辺が 0 になり得るのは $\rho - A_j < 0$ に限ることがわかります．同様に，$\beta_j < 0$ としてみると，左辺が 0 になり得るのは $-\rho - A_j > 0$ に限ることがわかります．A_j が $-\rho \leq A_j \leq \rho$ の範囲にあれば，左辺が 0 になるためには，$\mathrm{sign}(\beta_j)$ が $+1$ でも -1 でもない値にならざるを得ません．これを実現できるのは $\beta_j = 0$ のときだけです*9．以上まとめると，$\boldsymbol{\beta}$ は，次の反復式の解として求められます．

$$\beta_j \leftarrow \begin{cases} (A_j - \rho)/\mathsf{W}_{j,j} & A_j > \rho \\ 0 & -\rho \leq A_j \leq \rho \\ (A_j + \rho)/\mathsf{W}_{j,j} & A_j < -\rho \end{cases} \tag{10.23}$$

この反復は，すべての j にわたり収束するまで繰り返されます．

$\boldsymbol{\beta}$ が得られれば，$\boldsymbol{w}$ が

$$\boldsymbol{w} = \mathsf{W}\beta \tag{10.24}$$

により求められます．これにより，式 (10.18) とあわせて，Λ^{-1} の第 i 行と第 i 列を更新することができます．一方，Λ のほうは，式 (10.19) と式 (10.14) の右下ブロックから得られる $\boldsymbol{w}^\top \boldsymbol{l} + \sigma\lambda = 1$ という式から

$$\lambda = \frac{1}{\sigma - \boldsymbol{w}^\top \mathsf{W}^{-1}\boldsymbol{w}} = \frac{1}{\sigma - \boldsymbol{\beta}^\top \mathsf{W}\boldsymbol{\beta}} \tag{10.25}$$

$$\boldsymbol{l} = -\frac{\mathsf{W}^{-1}\boldsymbol{w}}{\sigma - \boldsymbol{w}^\top \mathsf{W}^{-1}\boldsymbol{w}} = -\frac{\boldsymbol{\beta}}{\sigma - \boldsymbol{\beta}^\top \mathsf{W}\boldsymbol{\beta}} \tag{10.26}$$

のように，やはり $\boldsymbol{\beta}$ を使って表現できます．これを使って Λ の第 i 行と第 i 列を更新することができます．

最終的な解 Λ^* を得るため，$x_1, x_2, ..., x_M, x_1, x_2, ...$ のように，各変数に

*9 $\beta_j = 0$ の場合についての多少異なった説明が文献 [4] にあります．

ついて順繰りに，$\boldsymbol{\beta}$ についての反復式 (10.23) を収束するまで繰り返し解く必要があります．その式の形から示唆される通り，結果として得られる $\boldsymbol{\beta}$ には非常に多くの 0 が含まれ，したがって，Λ^* は多くの 0 を含む疎な行列となります．

この点については，条件式 (10.20) が，次の最適化問題から導かれることからも理解できます．

$$\min_{\boldsymbol{\beta}} \left\{ \frac{1}{2} \| \mathsf{W}^{\frac{1}{2}} \boldsymbol{\beta} - \boldsymbol{b} \|^2 + \rho \, \| \boldsymbol{\beta} \|_1 \right\} \tag{10.27}$$

ただし $\boldsymbol{b}$ は，$\boldsymbol{s} = \mathsf{W}^{1/2} \boldsymbol{b}$ を満たすようなベクトルです．この目的関数はラッソ回帰と同じ形をしています．これがグラフィカルラッソという名前の由

アルゴリズム 10.1　グラフィカルラッソによる疎構造学習

- **初期化**．正則化項の係数 ρ を与える．データ $\mathcal{D}$ に標準化変換 (10.4) を施した後，共分散行列 S を式 (10.8) で計算しておく．Λ^{-1} をたとえば S に初期化する．
- **反復**．以下を $i = 1, 2, \ldots, M, 1, 2, \ldots$ のように収束するまで実行する．

  1. 現時点での Λ^{-1} から i 行と i 列を抜いて $(M-1) \times (M-1)$ 行列 W を作る．
  2. ラッソ回帰の問題 (10.27) を解く．反復式 (10.23) を使うか，あるいはより手軽には，ラッソ回帰の既存のソルバーを使う．
  3. Λ^{-1} の (i, i) 成分を式 (10.18) の σ で置き換え，i 行と i 列の残りの要素は式 (10.24) の $\boldsymbol{w}$ で置き換える．
  4. Λ の (i, i) 成分を式 (10.25) の λ で置き換え，i 行と i 列の残りの要素は式 (10.26) の $\boldsymbol{l}$ で置き換える．

- 収束した行列 Λ と Λ^{-1} を出力する．

来です．ラッソ回帰において疎な解が得られる機構は L_1 正則化項を含む 2 次計画問題の必然的性質としてよく理解されています．詳細はヘイスティら [7] を参照するとよいでしょう．読者の便宜上，グラフィカルラッソの算法をアルゴリズム 10.1 にまとめておきます．

ρ の決め方の目安，グラフィカルラッソとほかの構造学習の手法の比較などについての異常検知の文脈でのより詳しい議論は，原論文 [11] を参照してください．

10.5 疎構造学習に基づく異常度の計算

本節では，前節の手法で構造学習の結果が Λ として得られたとして，**図 10.4** に示す 2 種類の問題設定において異常度の計算の方法を考えます．

10.5.1 外れ値解析の場合

正常時の（または圧倒的多数が正常標本であると信じられる）データ $\mathcal{D}$ をもとに，確率分布 $p(\boldsymbol{x} \mid \mathcal{D})$ が得られたと考えます．今，**図 10.4** (a) で図示した通り，新たに $\boldsymbol{x}'$ を観測したとき，各変数についての異常度を計算することを考えます．第 i 次元の変数 x_i についての自然な異常度の定義として

$$a_i \equiv -\ln p(x'_i \mid \boldsymbol{x}'_{-i}, \mathcal{D}) \tag{10.28}$$

と書くことができます．ただし，$\boldsymbol{x}'_{-i} \equiv (x'_1, x'_2, \ldots, x'_{i-1}, x'_{i+1}, \ldots, x'_M)^\top$ と定義します．つまり $p(x'_i \mid \boldsymbol{x}'_{-i}, \mathcal{D})$ は，x'_i 以外の変数を与えたときの x'_i に対する条件つき分布です．この定義は「ほかの変数からの期待をどの程度裏切っているか」の度合いを示す量といえるでしょう．式 (1.4) で与えた一般的な定義を，各次元に対して異常度を計算すべく自然に拡張したものとなっていることは明らかです．このように，M 次元標本の異常度を，M 個の変数に対して個々に計算する分析手法を，本書では，通常の外れ値検出という問題と対比的に，**外れ値解析**（outlier analysis）と呼ぶことにします．

ガウス型グラフィカルモデルの範囲では，この条件つき分布は正規分布の分割公式 (8.22) および (8.23) を駆使して計算することができます．多少の計算の後，結果は i 次元についての異常度として

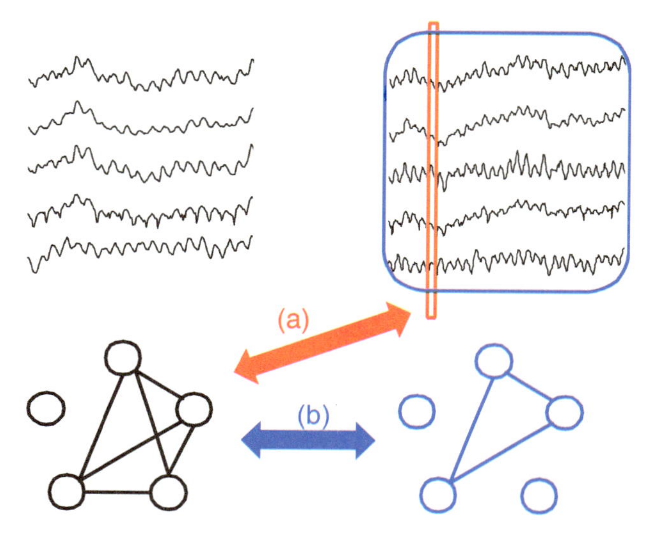

図 10.4 疎構造学習に基づく異常検知の問題設定．左側のデータが訓練データで，系の正常状態で取得される．何を検知対象にするかで 2 通りの問題が考えられる．(a) 外れ値解析問題．(b) 異常解析問題．

$$a_i(\boldsymbol{x}') = \frac{1}{2}\ln\frac{2\pi}{\Lambda_{i,i}} + \frac{1}{2\Lambda_{i,i}}\left(\sum_{j=1}^{M}\Lambda_{i,j}x'_j\right)^2 \tag{10.29}$$

となります．精度行列 Λ はガウス型グラフィカルモデルの疎構造学習の結果得られたものです．第 i 変数の異常度には，自分自身の値のぶれに加えて，その変数に辺で接続された変数のぶれが取り込まれることがわかります．もし系が何らかのモジュール構造を持っていれば，そのモジュール内だけの寄与を自動的に取り込めるということで，実用的に非常に好ましい性質を持つことがわかります．

10.5.2 異常解析の場合

次に考えるシナリオは図 10.4 (b) で示した通り，運用時に新たなデータ集合 $\mathcal{D}'$ が得られる場合です．これはたとえば，自動車の設計開発時で取得した正常データ $\mathcal{D}$ を，ロードテスト時のデータ $\mathcal{D}'$ と比べて，どの変数にどれだけ食い違いがあるのかを定量的に分析するというような問題です．この場合，2 つのデータ集合に対応して 2 つの確率モデル $p(\boldsymbol{x} \mid \mathcal{D})$ と $p(\boldsymbol{x} \mid \mathcal{D}')$ が得られたと考えます．このとき，1.3.1 項での議論を参考にすれば，i 番目の変数に対する自然な異常度の定義として

$$a_i \equiv \int \mathrm{d}\boldsymbol{x}_{-i}\, p(\boldsymbol{x}_{-i} \mid \mathcal{D}) \int \mathrm{d}x_i\, p(x_i \mid \boldsymbol{x}_{-i}, \mathcal{D}) \ln \frac{p(x_i \mid \boldsymbol{x}_{-i}, \mathcal{D})}{p(x_i \mid \boldsymbol{x}_{-i}, \mathcal{D}')} \tag{10.30}$$

というものを考えることができます．これは変数ごとに確率密度比の期待値を計算したものです．あるいは，$p(x_i \mid \boldsymbol{x}_{-i}, \mathcal{D})$ と $p(x_i \mid \boldsymbol{x}_{-i}, \mathcal{D}')$ の距離を，**カルバック・ライブラー・ダイバージェンス**（Kullback-Leibler divergence）で測ったものともいえます[*10]．

ガウス型グラフィカルモデルの範囲において，$\mathcal{D}$ から精度行列 $\mathsf{\Lambda}$，$\mathcal{D}'$ から精度行列 $\mathsf{\Lambda}'$ が得られたとします．これまで同様データは平均 0，個々の変数の分散が 1 になるように標準化されているとします．異常度 (10.30) の積分はやはり解析的に実行することが可能で，多少の計算の後，結果は次のようになります．

$$a_i = \frac{1}{2} \ln \frac{\mathsf{\Lambda}_{i,i}}{\mathsf{\Lambda}'_{i,i}} - \frac{1}{2} \left\{ \frac{[\mathsf{\Lambda S \Lambda}]_{i,i}}{\mathsf{\Lambda}_{i,i}} - \frac{[\mathsf{\Lambda' S \Lambda'}]_{i,i}}{\mathsf{\Lambda}'_{i,i}} \right\} \tag{10.31}$$

ただし，$[\cdot]_{i,i}$ は，角カッコの中の行列の (i,i) 成分を抜き出す演算を表しています．S は $\mathcal{D}$ の標本共分散行列です．式 (10.30) の形から，上記では S のみが現れていますが，$\mathcal{D}$ と $\mathcal{D}'$ の立場を入れ替えた定義も可能です．

以上紹介した疎構造学習に基づく異常検知手法は，ホテリングの T^2 法を代表とする既存技術の限界を解決した手法として，幅広い実問題に適用されています [8]．疎構造学習の結果は，異常検知モデルの解釈可能性という観点で非常に重要な役割を果たしますが，理論構成上は，それ自体を明示的に求める必要は必ずしもありません．式 (10.30) から示唆される通り，確率密度の比を直接データから推定できれば，個別の構造学習を経ずとも異常度まで直接たどり着くことができます．この密度比の直接推定という強力な技術を使った最新の手法を，次章以降で見てゆきましょう．

---

*10 分布間の相違度としてのダイバージェンスについての詳しい説明が 12.1 節にあります．なお，ベクトル解析で出てくる div 演算子やダイバージェンスとは別物です．

Chapter 11

密度比推定による異常検知

ここで考えるのは「正常であるとわかっているデータをもとに，異常標本が含まれるかもしれないデータの中から異常標本を見つけ出す」という問題です．これは基本的には外れ値検出の問題ですが，異常度を計算する標本を個々ばらばらに扱うのではなく，あえてデータ集合全体の確率分布を考え，それに対する確率密度比の推定問題として定式化します．この定式化の実用上の主な利点は，異常検知モデルに含まれるパラメターの系統的な決定方法が得られること，個々の標本に乗るノイズの悪影響をある程度抑制することで検出精度の向上が期待できることです．

11.1 密度比による外れ値検出問題の定式化

本章では，第2章で説明したような典型的な異常検知の問題設定をやや拡張して，正常だとわかっている訓練データ集合 $\mathcal{D} = \{\boldsymbol{x}^{(1)}, \ldots, \boldsymbol{x}^{(N)}\}$ が与えられているときに，異常標本が混入している疑いのあるデータ集合（テストデータと呼びます）

$$\mathcal{D}' = \{\boldsymbol{x}'^{(1)}, \ldots, \boldsymbol{x}'^{(N')}\}$$

から異常標本を見つけ出すという問題を考えます．通常の外れ値検出の問題では，$\mathcal{D}'$ の中の標本はばらばらに扱われるので，$N' = 1$ という状況に対応します．ここでは $\mathcal{D}'$ に含まれる複数の標本をひとまとめに考える点が違います．実用上は，たとえば，ある製造ラインにおいて，良品の集合が訓練データとして与えられている場合に，あるロットの不良品を検査するという状況に対応しています．

ネイマン・ピアソン決定則にまつわる1.3節での議論を振り返ると，$\mathcal{D}'$ に含まれる1つの標本の異常さの度合いを表す尺度として

$$a(\boldsymbol{x}) = -\ln r(\boldsymbol{x}) \quad \text{ただし} \quad r(\boldsymbol{x}) \equiv \frac{p(\boldsymbol{x})}{p'(\boldsymbol{x})} \tag{11.1}$$

というものを自然に考えることができます．ただし，$p'(\boldsymbol{x})$ はテストデータ $\mathcal{D}'$ が従う確率密度関数で，$p(\boldsymbol{x})$ は正常データ $\mathcal{D}$ が従う確率密度関数を表します．今の場合，式 (1.2) と異なり，異常・正常を表すラベル y が与えられていないので，この点を区別するために新たに密度比 $r(\boldsymbol{x})$ という量を導入しました．

密度比がどういうふるまいをするかについて簡単な考察をしてみましょう．$\mathcal{D}'$ において，異常標本の割合を α $(0 \leq \alpha \leq 1)$ と置きます．$p'(\boldsymbol{x})$ および $p(\boldsymbol{x})$ が連続性などの適切な条件を満たせば

$$p'(\boldsymbol{x}) = (1-\alpha)p(\boldsymbol{x}) + \alpha\widetilde{p}(\boldsymbol{x})$$

のような形を仮定できます．ただし $\widetilde{p}(\boldsymbol{x})$ は p と p' の差に対応する関数で，それ自体規格化条件を満たします．これを使うと密度比は

$$r(\boldsymbol{x}) = \frac{p(\boldsymbol{x})}{(1-\alpha)p(\boldsymbol{x}) + \alpha\widetilde{p}(\boldsymbol{x})} = \frac{1}{(1-\alpha) + \alpha\frac{\widetilde{p}(\boldsymbol{x})}{p(\boldsymbol{x})}}$$

と表現できます．正常な $\boldsymbol{x}$ に対しては $\widetilde{p}(\boldsymbol{x})/p(\boldsymbol{x})$ が1より小さな値をとり，異常な $\boldsymbol{x}$ に対しては $\widetilde{p}(\boldsymbol{x})/p(\boldsymbol{x})$ が1より大きな値をとることから，正常な $\boldsymbol{x}$ に対しては密度比 $r(\boldsymbol{x})$ が大きな値をとり，異常な $\boldsymbol{x}$ に対しては密度比 $r(\boldsymbol{x})$ が小さな値をとることがわかります．また，$\widetilde{p}(\boldsymbol{x})/p(\boldsymbol{x}) \geq 0$ であることから，密度比は

$$0 \leq r(\boldsymbol{x}) \leq \frac{1}{1-\alpha}$$

を満たすことも確認できます．これから $\boldsymbol{x}'$ に対する異常度に関しては

$$\ln(1-\alpha) \leq a(\boldsymbol{x}') < \infty$$

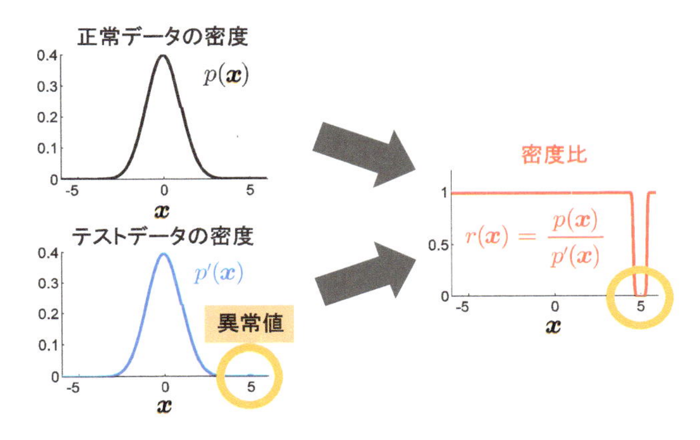

図 11.1　密度比に基づく異常検知.

が成り立ちます．実応用上のほとんどの場合，異常標本の割合は 1 より圧倒的に小さいので，左辺は $-\alpha$ で近似でき，これが異常度 $a(\boldsymbol{x}')$ の近似的な下限になります．したがって，もし異常度が α のオーダーより非常に大きいようなら異常が疑われることになります．

密度比 r が求まればテストデータに属する標本の異常度が計算できることがわかりました．素朴に考えて，正常データ $\mathcal{D}$ とテストデータ $\mathcal{D}'$ から密度 $p(\boldsymbol{x})$ と密度 $p'(\boldsymbol{x})$ をそれぞれ推定し，推定した密度の比を求めることによって $r(\boldsymbol{x})$ を推定すればいいと思うかもしれません．しかしこれは明らかに現実的な方法ではありません．なぜなら，$p(\boldsymbol{x})$ と $p'(\boldsymbol{x})$ の推定には必ず誤差が含まれ，推定した $p(\boldsymbol{x})$ を推定した $p'(\boldsymbol{x})$ で割ることにより，$p(\boldsymbol{x})$ の推定値に含まれる誤差が大きく増幅されてしまう可能性があるからです．たとえば，$p(\boldsymbol{x})$ の推定誤差がわずか 0.1 であったとしても，$p'(\boldsymbol{x})$ の推定値が 0.0001 のような小さい値をとる場合には，

$$\frac{0.1}{0.0001} = 1000$$

と誤差が大きく増大してしまいます．

そこで発想を転換します．式 (11.1) は密度比 r と異常度 a を，$a(\boldsymbol{x}) = -\ln r(\boldsymbol{x})$ という関係により結びつける式でした．この式はもともと，テストデータに属する標本を念頭に導入されましたが，任意の $\boldsymbol{x}$ に対して成り立つ

図 11.2　もし最終的に必要なものが密度比ならば，個別の密度推定をする必要はない．

ものと考えてみます．訓練データは正常だとわかっているので，訓練データ $\mathcal{D}$ における異常度 $-\ln r(\boldsymbol{x})$ の値はできる限り小さくなければなりません．逆にいえば，$\mathcal{D}$ における異常度の最小化を規準として用いることにより，p と p' を個別に求めることなく，**密度比を直接データから推定できる**可能性があることがわかります．

この方針は，「ある問題を解くときにそれよりも一般的な問題を途中段階で解くべきでない」という**バプニックの原理**（Vapnik's principle）[30] に照らして自然なものです．すなわち，密度 $p(\boldsymbol{x})$ と密度 $p'(\boldsymbol{x})$ を推定すれば，それらの比を求めることにより密度比 $r(\boldsymbol{x})$ を求められます．しかし，密度比 $r(\boldsymbol{x})$ を直接推定しても，それを $p(\boldsymbol{x})$ と $p'(\boldsymbol{x})$ には必ずしも分解できません（図 11.2）．よって，$p(\boldsymbol{x})$ と $p'(\boldsymbol{x})$ の推定は $r(\boldsymbol{x})$ の推定よりも一般的であり，$r(\boldsymbol{x})$ を推定する際には，$p(\boldsymbol{x})$ と $p'(\boldsymbol{x})$ の推定を回避したほうがよいということになります．

11.2　カルバック・ライブラー密度比推定法

本節では具体的に密度比 $r(\boldsymbol{x}) = p(\boldsymbol{x})/p'(\boldsymbol{x})$ の直接推定の方法を考えます．

11.2.1　密度比を求める規準

密度比を表す基本モデルとして，線形モデル

$$r_{\boldsymbol{\theta}}(\boldsymbol{x}) = \sum_{j=1}^{b} \theta_j \psi_j(\boldsymbol{x}) = \boldsymbol{\theta}^\top \boldsymbol{\psi}(\boldsymbol{x}) \tag{11.2}$$

を仮定します．ただし，$\boldsymbol{\psi}(\boldsymbol{x}) = (\psi_1(\boldsymbol{x}), \ldots, \psi_b(\boldsymbol{x}))^\top$ は非負の値をとる既

知の**基底関数**（basis function）で，$\boldsymbol{\theta} = (\theta_1, \ldots, \theta_b)^\top$ はそれに対応する未知のパラメター，b は使う基底関数の数です．基底関数の実例はあとで与えます．

密度比を直接推定するための規準の導出は非常に簡単です．密度比の定義 (11.1) より，$r_{\boldsymbol{\theta}}(\boldsymbol{x})p'(\boldsymbol{x})$ は確率分布 $p(\boldsymbol{x})$ に対応していなければなりません．密度比として上記の通り $r_{\boldsymbol{\theta}}(\boldsymbol{x})$ のようなパラメトリックなモデルを仮定したので，両者は完全に一致しないかもしれませんが，少なくとも $r_{\boldsymbol{\theta}}(\boldsymbol{x})p'(\boldsymbol{x})$ は確率分布 $p(\boldsymbol{x})$ の近似でなければなりません．このことから，次の規準を考えることができます．

- パラメター $\boldsymbol{\theta}$ は，$r_{\boldsymbol{\theta}}(\boldsymbol{x})p'(\boldsymbol{x})$ が $p(\boldsymbol{x})$ にできるだけ近くなるように決定されるべきである．
- $r_{\boldsymbol{\theta}}(\boldsymbol{x})p'(\boldsymbol{x})$ は確率分布としての条件を満たすべきである．

この規準は，非負の関数 f と g の情報理論的な距離を測る**一般化カルバック・ライブラー・ダイバージェンス**（generalized Kullback-Leibler divergence）

$$\mathrm{gKL}(f\|g) = \int \mathrm{d}\boldsymbol{x}\ f(\boldsymbol{x}) \ln \frac{f(\boldsymbol{x})}{g(\boldsymbol{x})} - \int \mathrm{d}\boldsymbol{x}\ f(\boldsymbol{x}) + \int \mathrm{d}\boldsymbol{x}\ g(\boldsymbol{x}) \tag{11.3}$$

という量を用いて自然に表現できます．なお，f と g の積分がともに 1 のときは上式右辺の 2 項目と 3 項目は打ち消し合い，一般化カルバック・ライブラー・ダイバージェンスは通常のカルバック・ライブラー・ダイバージェンスと一致することに注意します．ダイバージェンスについての数学的議論は次章でまとめて行います．

f と g にそれぞれ $p(\boldsymbol{x})$ と $r_{\boldsymbol{\theta}}(\boldsymbol{x})p'(\boldsymbol{x})$ を代入すると，

$$\mathrm{gKL}(p\|r_{\boldsymbol{\theta}}p') = \int \mathrm{d}\boldsymbol{x}\ p(\boldsymbol{x}) \ln \frac{p(\boldsymbol{x})}{r_{\boldsymbol{\theta}}(\boldsymbol{x})p'(\boldsymbol{x})} - 1 + \int \mathrm{d}\boldsymbol{x}\ r_{\boldsymbol{\theta}}(\boldsymbol{x})p'(\boldsymbol{x}) \tag{11.4}$$

となります．式 (11.4) の期待値を経験分布により近似し，パラメター $\boldsymbol{\theta}$ に依存しない項を無視すれば，密度比モデル $r_{\boldsymbol{\theta}}(\boldsymbol{x})$ のパラメター $\boldsymbol{\theta}$ を決めるための最適化問題として

$$\min_{\boldsymbol{\theta}} J(\boldsymbol{\theta}), \quad J(\boldsymbol{\theta}) = \frac{1}{N'} \sum_{n'=1}^{N'} r_{\boldsymbol{\theta}}(\boldsymbol{x}'_{n'}) - \frac{1}{N} \sum_{n=1}^{N} \ln r_{\boldsymbol{\theta}}(\boldsymbol{x}_n) \tag{11.5}$$

が得られます．この問題を解いて密度比を求める手法を，**カルバック・ライブラー密度比推定法**（Kullback-Leibler density ratio estimation）と呼びます [27]．

11.2.2 訓練データに対する異常度最小化としての解釈

この問題の具体的な解き方を考える前に，前節で述べたことを念頭に目的関数 $J(\boldsymbol{\theta})$ の意味を少し考えてみましょう．訓練データ $\mathcal{D}$ の経験分布による期待値を $\langle\cdot\rangle_{\mathcal{D}}$ と表し，テストデータ $\mathcal{D}'$ の経験分布による期待値を $\langle\cdot\rangle_{\mathcal{D}'}$ と表すことにします．すると

$$J(\boldsymbol{\theta}) = \langle r_{\boldsymbol{\theta}}\rangle_{\mathcal{D}'} + \langle -\ln r_{\boldsymbol{\theta}}\rangle_{\mathcal{D}} \tag{11.6}$$

となっていることがわかります．異常度および密度比の定義 (11.1) によれば，第 2 項は異常度 a の期待値です．したがって，式 (11.5) は本質的には訓練標本についての異常度を最小化する最適化問題であるといえます．ただ，$r_{\boldsymbol{\theta}}$ が確率密度の比である以上，確率分布の規格化条件に由来する制約 $\langle r_{\boldsymbol{\theta}}\rangle_{\mathcal{D}'} = 1$ を満たさなければなりません．すなわち，問題 (11.5) は，制約 $\langle r_{\boldsymbol{\theta}}\rangle_{\mathcal{D}'} = 1$ のもとで訓練データに対する異常度を最小にする最適化問題と解釈できます．

この制約条件は，一般化カルバック・ライブラー・ダイバージェンス (11.3) の第 3 項に由来しています．このことから逆に，一般化カルバック・ライブラー・ダイバージェンスは，通常のカルバック・ライブラー・ダイバージェンスに，規格化制約を組み込んだものとも解釈できます．

11.2.3 最適化問題の解法と交差確認

式 (11.5) は凸最適化問題であり，たとえば勾配法によって容易に大域的な最適解が得られます．すなわち，適当な初期値から，収束するまでパラメター $\boldsymbol{\theta}$ を

$$\boldsymbol{\theta} \leftarrow \boldsymbol{\theta} - \eta\nabla J(\boldsymbol{\theta})$$

によって更新します．ここで $\eta > 0$ は勾配法のステップ幅であり

$$\nabla J(\boldsymbol{\theta}) = \frac{1}{N'}\sum_{n'=1}^{N'} \boldsymbol{\psi}(\boldsymbol{x}'_{n'}) - \frac{1}{N}\sum_{n=1}^{N} \frac{\boldsymbol{\psi}(\boldsymbol{x}_n)}{\boldsymbol{\theta}^\top \boldsymbol{\psi}(\boldsymbol{x}_n)} \tag{11.7}$$

は式 (11.5) の目的関数 $J(\boldsymbol{\theta})$ の勾配です．

この勾配を計算するためには，基底関数の具体的な形を与えなければなりません．よく用いられるのは，RBF カーネルを使った

$$\psi_n(\boldsymbol{x}) = \exp\left(-\frac{\|\boldsymbol{x} - \boldsymbol{x}^{(n)}\|^2}{2h^2}\right) \tag{11.8}$$

です．これを使い，$b = N$ としたモデル

$$r_{\boldsymbol{\theta}}(\boldsymbol{x}) = \sum_{n=1}^{N} \theta_n \exp\left(-\frac{\|\boldsymbol{x} - \boldsymbol{x}^{(n)}\|^2}{2h^2}\right) \tag{11.9}$$

を**ガウスカーネルモデル**（Gaussian kernel model）と呼びます．

このモデルには**バンド幅**（bandwidth）h が含まれます．密度比の近似精度は h の選び方に依存します．カルバック・ライブラー密度比推定法の実用上の大きな長所は，一般化カルバック・ライブラー・ダイバージェンスのもとでの交差確認を行うことによって，このような調整パラメターの値を客観的に設定することができる点です．アルゴリズム 11.1 に，カルバック・ライブラー密度比推定法の交差確認の手順を示します．

なお，第 4 章で紹介した（ラベルなしデータに対する）近傍法や第 6 章で紹介したサポートベクトルデータ記述法は，近傍数や正則化定数などアルゴリズムに含まれる調整パラメターの値によって異常検出のふるまいが変化します．しかし，検証用データとしてラベルつきデータが与えられない限り，これらの調整パラメターを客観的に設定するすべはないため，この点が実用上の困難になり得ます．

アルゴリズム 11.1 にもある通り，最適化問題 (11.5) を解くことにより任意の $\boldsymbol{x}$ に対する密度比の推定量 $\widehat{r}(\boldsymbol{x})$ が求められます．これをもとに，テストデータ $\mathcal{D}'$ に属する各標本の異常度が $n = 1, \ldots, N'$ に対し

$$a(\boldsymbol{x}'^{(n)}) = -\ln \widehat{r}(\boldsymbol{x}'^{(n)}) \tag{11.10}$$

のように求められます．

アルゴリズム 11.1 カルバック・ライブラー密度比推定法の交差確認

- **入力**：正常標本のみを含むデータ $\mathcal{D} = \{\boldsymbol{x}^{(1)}, \ldots, \boldsymbol{x}^{(N)}\}$，異常標本が含まれるかもしれないデータ $\mathcal{D}' = \{\boldsymbol{x}'^{(1)}, \ldots, \boldsymbol{x}'^{(N')}\}$，ガウスカーネルのバンド幅 h の候補値 $h_1, \ldots, h_T$
- **アルゴリズム**
  1. データ集合 $\mathcal{D}$ と $\mathcal{D}'$ をそれぞれ K 個の部分集合 $\mathcal{D}_1, \ldots, \mathcal{D}_K$ と $\mathcal{D}'_1, \ldots, \mathcal{D}'_K$ に分割する．
  2. For $t = 1, \ldots, T$
     (a) For $k = 1, \ldots, K$
        i. $\mathcal{D}_k$ と $\mathcal{D}'_k$ 以外のデータを用いて，バンド幅 h_t に対する密度比推定量 $\widehat{r}_{t,k}(\boldsymbol{x})$ を求める．
        ii. $\mathcal{D}_k$ と $\mathcal{D}'_k$ を用いて，密度比推定量 $\widehat{r}_{t,k}(\boldsymbol{x})$ の評価値を求める．
$$J_{t,k} = \frac{1}{|\mathcal{D}'_k|} \sum_{\boldsymbol{x}' \in \mathcal{D}'_k} \widehat{r}_{t,k}(\boldsymbol{x}') - \frac{1}{|\mathcal{D}_k|} \sum_{\boldsymbol{x} \in \mathcal{D}_k} \ln \widehat{r}_{t,k}(\boldsymbol{x})$$
     (b) 評価値の $k = 1, \ldots, K$ に対する平均値を求める．
$$J_t = \frac{1}{K} \sum_{k=1}^{K} J_{t,k}$$
  3. 評価値の最も小さいバンド幅を求める．
$$h_{\widehat{t}} = \arg\min_t J_t$$
  4. すべてのデータ $\mathcal{D}$ と $\mathcal{D}'$ を用いて最適化問題 (11.5) を解き，バンド幅 $h_{\widehat{t}}$ に対する密度比推定量 $\widehat{r}(\boldsymbol{x})$ を求める．
- **出力**：$\mathcal{D}'$ に対する異常度 $\{-\ln \widehat{r}(\boldsymbol{x}'^{(1)}), \ldots, -\ln \widehat{r}(\boldsymbol{x}'^{(N')})\}$

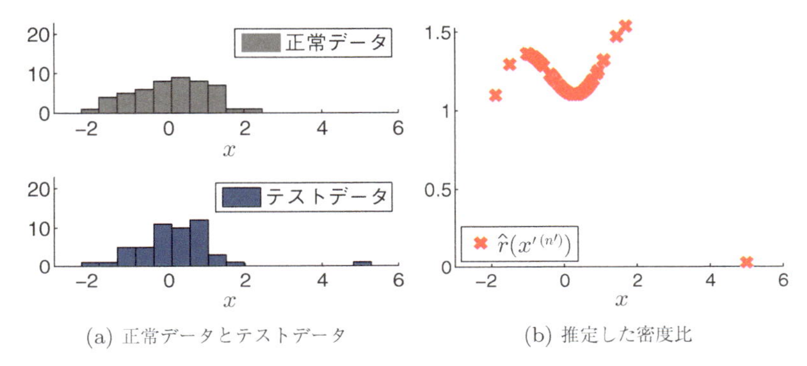

(a) 正常データとテストデータ　　(b) 推定した密度比

図 11.3　カルバック・ライブラー密度比推定法の実行例.

11.2.4　実行例

カルバック・ライブラー密度比推定法の実行例を，**図 11.3** に示します．この例では，$p(x)$ と $p'(x)$ ともに標準正規分布に設定し，正常データを 50 個，テストデータを 49 個を生成しました．そして，50 番目のテストデータとして，異常値 $x'^{(50)} = 5$ を加えました（**図 11.3**(a)）．**図 11.3**(b) に示すように，カルバック・ライブラー密度比推定法によって得られた密度比推定量は $x'^{(1)}, \ldots, x'^{(49)}$ に対しては 1 よりも大きな値をとり，$x'^{(50)}$ に対しては 0 に近い値をとります．したがって，$x'^{(50)}$ に対する異常度は正の無限大に近い値となります．

11.3　最小 2 乗密度比推定法

カルバック・ライブラー密度比推定法では，勾配法などの繰り返しアルゴリズムによって解を求めました．本項では，解析的に解が求められる**最小 2 乗密度比推定法**（least squares density ratio estimation）を説明します．

カルバック・ライブラー密度比推定法と同様に，密度比 (11.1) を線形モデル (11.2) でモデル化します．そして，モデルのパラメター $\boldsymbol{\theta}$ を，2 乗誤差 $J(\boldsymbol{\theta})$ を最小にするように学習します．

$$J(\boldsymbol{\theta}) = \frac{1}{2}\int \mathrm{d}\boldsymbol{x}\left\{r_{\boldsymbol{\theta}}(\boldsymbol{x}) - r(\boldsymbol{x})\right\}^2 p'(\boldsymbol{x})$$
$$= \frac{1}{2}\int \mathrm{d}\boldsymbol{x}\,\boldsymbol{\theta}^\top\boldsymbol{\psi}(\boldsymbol{x})\boldsymbol{\psi}(\boldsymbol{x})^\top\boldsymbol{\theta}p'(\boldsymbol{x}) - \int \mathrm{d}\boldsymbol{x}\,\boldsymbol{\theta}^\top\boldsymbol{\psi}(\boldsymbol{x})p(\boldsymbol{x}) + (\text{定数})$$

$J(\boldsymbol{\theta})$ に含まれる期待値を標本平均で置き換え，L_2 正則化項をつけ加えれば，最適化問題

$$\min_{\boldsymbol{\theta}}\left[\frac{1}{2}\boldsymbol{\theta}^\top\widehat{\mathsf{G}}\boldsymbol{\theta} - \boldsymbol{\theta}^\top\widehat{\boldsymbol{h}} + \frac{\lambda}{2}\|\boldsymbol{\theta}\|^2\right] \tag{11.11}$$

が得られます．ここで，$\lambda \geq 0$ は正則化パラメターを表し，$\|\cdot\|$ はユークリッドノルムを表します．また，行列 $\widehat{\mathsf{G}}$ とベクトル $\widehat{\boldsymbol{h}}$ は，

$$\widehat{\mathsf{G}} = \frac{1}{N'}\sum_{n'=1}^{N'}\boldsymbol{\psi}(\boldsymbol{x}'_{n'})\boldsymbol{\psi}(\boldsymbol{x}'_{n'})^\top,\quad \widehat{\boldsymbol{h}} = \frac{1}{N}\sum_{n=1}^{N}\boldsymbol{\psi}(\boldsymbol{x}_n)$$

で与えられます．式 (11.11) の最適化問題は，単純な凸 2 次関数の最小化です．よって，目的関数の微分を 0 とおくことにより，式 (11.11) の最小解 $\widehat{\boldsymbol{\theta}}$ は解析的に

$$\widehat{\boldsymbol{\theta}} = \left(\widehat{\mathsf{G}} + \lambda\mathsf{I}_N\right)^{-1}\widehat{\boldsymbol{h}} \tag{11.12}$$

と求められます．ここで，I_N は N 次元単位行列を表します．正則化パラメター λ と基底関数 $\boldsymbol{\psi}$ に含まれる調整パラメターは，2 乗誤差 J に関する交差確認法によって決定できます．手順はアルゴリズム 11.1 と同様ですのでここでは省略します．最小 2 乗密度比推定法に関するその他詳細は，原論文 [13] を参照してください．

最小 2 乗密度比推定法による外れ値検出手法の最近の産業応用としては，たとえば光学部品の検査に使った事例 [28] があります．

Chapter 12

密度比推定による変化検知

第 9 章において，変化検知という問題を逐次的密度推定問題として定式化しました．本章では，恣意的な分布の仮定を使わずに，密度比の直接推定により変化検知を行う手法を解説します．変化検知は分布全体の変化の有無をマクロ的に調べる問題ですが，それに加えて，ミクロ的に変数同士の個々の依存関係の変化を見るという問題も同じ枠組みで扱えます．構造変化検知という問題設定は，複雑な系の監視のための有力な手段として最近注目されています．問題自体をよく理解するために，第 10 章で述べた疎構造学習による異常検知の手法にひと通り目を通すことを勧めます．

12.1 変化検知問題とカルバック・ライブラー密度比推定法

変化検知問題の一般的枠組みを 9.3 節で与えました．時間軸を抽象化して改めて一般的に述べると次の通りです．変化検知問題とは，データ集合

$$\mathcal{D} = \{\boldsymbol{x}^{(1)}, \dots, \boldsymbol{x}^{(N)}\}$$

が従う確率密度関数 $p(\boldsymbol{x})$ と，データ集合

$$\mathcal{D}' = \{\boldsymbol{x}'^{(1)}, \dots, \boldsymbol{x}'^{(N')}\}$$

が従う確率密度関数 $p'(\boldsymbol{x})$ が同じかどうかを調べる問題であり，その相違の

度合いは，式 (9.8)，もしくはより一般には

$$a(\mathcal{D},\mathcal{D}') = \int \mathrm{d}\boldsymbol{x}\, p(\boldsymbol{x}) \ln r(\boldsymbol{x}) \quad \text{ただし} \quad r(\boldsymbol{x}) \equiv \frac{p(\boldsymbol{x})}{p'(\boldsymbol{x})} \tag{12.1}$$

で与えられます．

念のため，前章で定義した式 (11.1) の異常度と対比しておきましょう．まず，データ集合全体の比較ですので，単一の観測値 $\boldsymbol{x}$ ではなくて，観測値全体にわたる期待値を考えることは自然です．また，$\mathcal{D}$ と $\mathcal{D}'$ には対称性があり，負号をつけるかどうかには任意性があるのでここでは省略しています．

変化検知問題における確率分布の役割を強調して，上記の問題を特に**分布変化検知**（distributional change detection）の問題と呼ぶことがあります．いわゆる検定論の枠内に落とし込まないことを除けば，統計学における **2 標本検定**（two-sample test）と問題設定は同様です．以下では，各標本は独立に同一な確率分布に従うと仮定します．

上に与えた変化度の定義は，分布同士の相違度をカルバック・ライブラー・ダイバージェンスで測るのと厳密に同じです．カルバック・ライブラー・ダイバージェンスは，2 つの分布の相違度を測る尺度で

$$\mathrm{KL}(p\|p') = \int \mathrm{d}\boldsymbol{x}\, p(\boldsymbol{x}) \ln \frac{p(\boldsymbol{x})}{p'(\boldsymbol{x})} \tag{12.2}$$

と定義されます．「**ダイバージェンス**（divergence）」という用語は，相違や逸脱という意味の英語で，数学的な距離と区別するために導入された概念です．数学的には，2 変数関数 $g(x,y)$ が定義 12.1 に示す 4 つの条件を満たすとき，$g(x,y)$ を距離（distance）関数と呼びます．

定義 12.1（距離の公理）

2 変数関数 $g(x,y)$ が次の 4 つの条件を満たすとき，$g(x,y)$ を距離関数と呼ぶ．

$$
\begin{aligned}
\text{非負性}&: g(x,y) \geq 0 \\
\text{対称性}&: g(x,y) = g(y,x) \\
\text{同一性}&: g(x,y) = 0 \Longleftrightarrow x = y \\
\text{三角不等式}&: g(x,y) + g(y,z) \geq g(x,z)
\end{aligned}
$$

これらの条件のうちいくつかは満たされないけれども $g(x,y)$ を距離のように扱えるとき，$g(x,y)$ をダイバージェンスといいます．カルバック・ライブラー・ダイバージェンスは一般に対称性と三角不等式を満たさないため，数学的な距離にはなっていません．しかし，非負性と同一性が成り立つため，距離のように扱うことができます．

また，カルバック・ライブラー・ダイバージェンスは，変数 $\boldsymbol{x}$ の任意の変換に対する**不変性**（invariance）を持ちます．すなわち，任意の変換を通して $\boldsymbol{x}$ を $\boldsymbol{y}$ に変換しても，カルバック・ライブラー・ダイバージェンスの値は保存されます．このことは，変数変換によって生じるヤコビアンが，密度比 $p(\boldsymbol{x})/p'(\boldsymbol{x})$ で打ち消し合うことから確認できます．

さて，分布変化検知問題が，対数密度比の期待値を求める問題に帰着できることがわかりました．具体的に変化度をどう計算すればよいか考えましょう．11.1 節で述べた通り，p と p' を個別にデータから推定し，明示的に密度比を計算することも原理的には可能ですが，現実的な方法ではありません．そこで，密度比の直接推定の方法を考えます．

今，何らかの手段で密度比が近似的に求められたとすると，密度比の定義から，$r(\boldsymbol{x})p'(\boldsymbol{x})$ は $p(\boldsymbol{x})$ のよい近似になっていなければなりません．確率分布の規格化条件を制約として考慮しつつ，$r(\boldsymbol{x})p'(\boldsymbol{x}) \approx p(\boldsymbol{x})$ となるような密度比 $r(\boldsymbol{x})$ を求めるためには，11.2 節と同様，一般化カルバック・ライブ

ラー・ダイバージェンス

$$\int \mathrm{d}\boldsymbol{x}\ p(\boldsymbol{x}) \ln \frac{p(\boldsymbol{x})}{r_{\boldsymbol{\theta}}(\boldsymbol{x})p'(\boldsymbol{x})} - 1 + \int \mathrm{d}\boldsymbol{x}\ r_{\boldsymbol{\theta}}(\boldsymbol{x})p'(\boldsymbol{x})$$

を最小化するのが1つの自然な方法です．ただし，密度比 r として式 (11.2) と同様の線形モデル $r_{\boldsymbol{\theta}}$ を仮定しました*1．これから，式 (11.5) で紹介したカルバック・ライブラー密度比推定法とまったく同じ最適化問題

$$\min_{\boldsymbol{\theta}}\ J(\boldsymbol{\theta}), \quad J(\boldsymbol{\theta}) = \frac{1}{N'}\sum_{n'=1}^{N'} r_{\boldsymbol{\theta}}(\boldsymbol{x}'_{n'}) - \frac{1}{N}\sum_{n=1}^{N} \ln r_{\boldsymbol{\theta}}(\boldsymbol{x}_n)$$

が得られます．これを勾配法を使って解くことで密度比 $r(\boldsymbol{x}) = p(\boldsymbol{x})/p'(\boldsymbol{x})$ の推定量 $\widehat{r}(\boldsymbol{x})$ が得られます．それを用い，また，式 (12.1) において p を経験分布 (4.1) で近似することにより

$$a_{\mathrm{KL}}(\mathcal{D}, \mathcal{D}') = \frac{1}{N}\sum_{n=1}^{N} \ln \widehat{r}(\boldsymbol{x}_n) \tag{12.3}$$

のような表式が最終的に得られます．

12.2 その他のダイバージェンスによる分布変化度の評価

カルバック・ライブラー・ダイバージェンスによる変化度の表式 (12.3) に含まれる対数関数は，0の近くで鋭く値が変化します．そのため，カルバック・ライブラー・ダイバージェンスを用いることによって，確率分布の微小な変化が敏感に捉えられると期待されます．しかし一方で，カルバック・ライブラー・ダイバージェンスを用いた変化検知手法はノイズの影響を受けやすいという問題があります．センサーデータなど，ノイズが不可避なデータに対し分布変化検知問題を解くためには，実用上，カルバック・ライブラー・ダイバージェンスとは別の規準を使うのが望ましいことが多くあります．本節ではその候補として2つのダイバージェンスを考えます．

12.2.1 ピアソン・ダイバージェンス

カルバック・ライブラー・ダイバージェンスを一般化したダイバージェン

*1 具体的な関数形が式 (11.9) に与えられていますので参考にしてください．

スとして，f **ダイバージェンス**（f-divergence）というものが知られています．定義は次の通りです．

$$F(p\|p') = \int \mathrm{d}\boldsymbol{x}\ p'(\boldsymbol{x}) f\left(\frac{p(\boldsymbol{x})}{p'(\boldsymbol{x})}\right)$$

ここで $f(t)$ は $f(1) = 0$ を満たす**凸関数**（convex function）です．$f(t) = t\ln t$ と置けば，f ダイバージェンスはカルバック・ライブラー・ダイバージェンスと一致します．f ダイバージェンスは密度比 $p(\boldsymbol{x})/p'(\boldsymbol{x})$ の関数の期待値の形をしているため，変数 $\boldsymbol{x}$ の任意の変換に対する不変性を持ちます．

f ダイバージェンスの形をもとに，分布変化度を計算するために便利なダイバージェンスの式を考えましょう．**ピアソン・ダイバージェンス**（Pearson divergence）は，2 乗関数 $f(t) = (t-1)^2$ を用いた f ダイバージェンスです．

$$\mathrm{PE}(p\|p') = \int \mathrm{d}\boldsymbol{x}\ p'(\boldsymbol{x}) \left\{\frac{p(\boldsymbol{x})}{p'(\boldsymbol{x})} - 1\right\}^2 \tag{12.4}$$

ピアソン・ダイバージェンスは対数関数を含まないため，カルバック・ライブラー・ダイバージェンスよりも異常値に対してロバストであると考えられます．

ピアソン・ダイバージェンスは，11.3 節で紹介した最小 2 乗密度比推定法によってデータ $\mathcal{D}$ と $\mathcal{D}'$ から推定できます．具体的には，まず密度比の推定量 $\widehat{r}(\boldsymbol{x})$ を，最小 2 乗密度比推定法によって求めます．そして，ピアソン・ダイバージェンス (12.4) の別表現

$$\mathrm{PE}(p\|p') = \int \mathrm{d}\boldsymbol{x}\ p(\boldsymbol{x}) \frac{p(\boldsymbol{x})}{p'(\boldsymbol{x})} - 1$$

に基づいて，分布変化度の表式

$$a_{\mathrm{PE}}(\mathcal{D}, \mathcal{D}') = \frac{1}{N}\sum_{n=1}^{N} \widehat{r}(\boldsymbol{x}_n) - 1$$

を得ます．

12.2.2 相対ピアソン・ダイバージェンス

密度比 $p(\boldsymbol{x})/p'(\boldsymbol{x})$ は割り算を含むため，分母の $p'(\boldsymbol{x})$ が 0 に近い場合，変動が極端に拡大されがちです．そのため，密度比を精度よく推定することは一

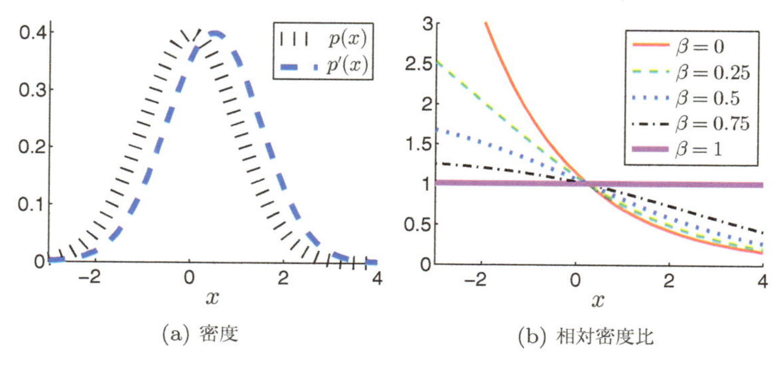

(a) 密度　(b) 相対密度比

図 12.1 ガウス分布に対する相対密度比.

般に困難です．この課題に対処する1つの方法として，**相対密度比**（relative density ratio）

$$r^{(\beta)}(\boldsymbol{x}) = \frac{p(\boldsymbol{x})}{\beta p(\boldsymbol{x}) + (1-\beta)p'(\boldsymbol{x})}, \quad \beta \in [0,1]$$

を用いた**相対ピアソン・ダイバージェンス**（relative Pearson divergence）[32]

$$\begin{aligned}\mathrm{rPE}(p\|p') &= \mathrm{PE}(p\|\beta p + (1-\beta)p') \\ &= \int \mathrm{d}\boldsymbol{x} \left\{(\beta p(\boldsymbol{x}) + (1-\beta)p'(\boldsymbol{x})\right\}\left\{r^{(\beta)}(\boldsymbol{x}) - 1\right\}^2\end{aligned}$$

を考えることが考えられます．

相対ピアソン・ダイバージェンスに含まれる $\beta \in [0,1]$ は，異常値に対する感度とロバスト性のバランスを調整するパラメターです．**図 12.1** に示すように，$\beta = 0$ のとき相対密度比 $r^{(\beta)}(\boldsymbol{x})$ はもとの密度比 $p(\boldsymbol{x})/p'(\boldsymbol{x})$ と一致し，β を増加させると滑らかになっていきます．そして，$\beta = 1$ のとき相対密度比は定数関数1になります．密度比 $p(\boldsymbol{x})/p'(\boldsymbol{x})$ は常に非負であることから，相対密度比は $1/\beta$ を超えません．

$$r^{(\beta)}(\boldsymbol{x}) = \frac{1}{\beta + (1-\beta)\frac{p'(\boldsymbol{x})}{p(\boldsymbol{x})}} \leq \frac{1}{\beta}$$

相対密度比 $r^{(\beta)}(\boldsymbol{x})$ は，11.3 節で紹介した最小2乗密度比推定法において，式 (11.12) に含まれる行列 $\widehat{\mathsf{G}}$ を

$$\widehat{\mathsf{G}}_\beta = \frac{\beta}{N}\sum_{n=1}^{N}\boldsymbol{\psi}(\boldsymbol{x}_n)\boldsymbol{\psi}(\boldsymbol{x}_n)^\top + \frac{1-\beta}{N'}\sum_{n'=1}^{N'}\boldsymbol{\psi}(\boldsymbol{x}'_{n'})\boldsymbol{\psi}(\boldsymbol{x}'_{n'})^\top$$

に置き換えるだけで推定できます．そうして得られた相対密度非推定量 $\widehat{r}^{(\beta)}(\boldsymbol{x})$ を用いれば，相対ピアソン・ダイバージェンスに基づく分布変化度の表式が

$$a_{\mathrm{rPE}}(\mathcal{D},\mathcal{D}') = \frac{1}{N}\sum_{n=1}^{N}\widehat{r}^{(\beta)}(\boldsymbol{x}_n) - 1$$

と得られます．

12.3 確率分布の構造変化検知

前節で解説したダイバージェンス推定法によって，確率分布の変化を定量的に評価することができます．本節では，10.2 節で導入したガウス型グラフィカルモデルを用いて，確率分布の変化の有無だけでなく，M 次元変数 $\boldsymbol{x} = (x_1,\ldots,x_M)^\top$ の要素間の**依存性**（dependency）の変化を捉える**構造変化検知**（structural change detection）の手法を紹介します．

12.3.1 問題の定義

式 (10.5) で与えた平均 0，共分散行列 Λ^{-1} の正規分布に対応する M 次元のガウス型グラフィカルモデル

$$\mathcal{N}(\boldsymbol{x}|\boldsymbol{0},\Lambda^{-1}) = \frac{\det(\Lambda)^{1/2}}{(2\pi)^{M/2}}\exp\left(-\frac{1}{2}\boldsymbol{x}^\top\Lambda\boldsymbol{x}\right)$$

を再び考えます．10.2 節で述べたように，精度行列 Λ を隣接行列とみなせば，ガウス型グラフィカルモデルは**図 12.2** のようなグラフで表現できます．ここで考えたい問題を，定義 10.1 と対比的にやや形式的に述べると定義 12.2 のようになります．

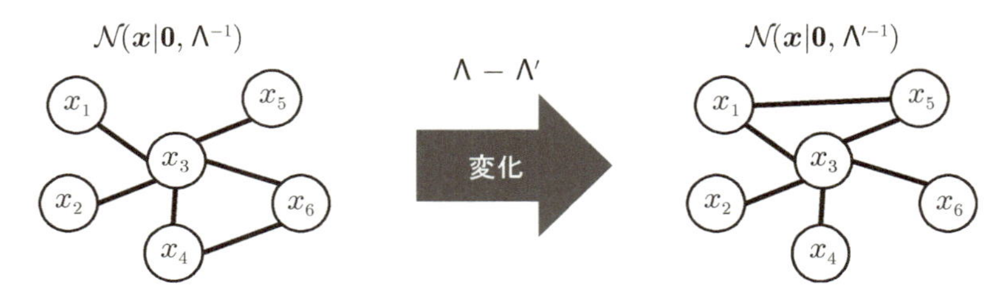

図 12.2 ガウス型グラフィカルモデルの構造変化.

定義 12.2（構造変化検知問題）

M 次元の標本が N 個, $\mathcal{D} = \{\boldsymbol{x}^{(n)} \mid n = 1, \ldots, N\}$ のように与えられている. 構造変化検知問題とは, 同じ M 次元空間の新たな標本集合 $\mathcal{D}' = \{\boldsymbol{x}'^{(n)} \mid n = 1, \ldots, N'\}$ が与えられたとき, それぞれの標本集合から導かれるグラフの隣接行列の辺の重みの変化を計算する問題である.

以下では, 節点 x_m と節点 $x_{m'}$ の間の辺の変化度 $a_{m,m'}$ を

$$a_{m,m'} \equiv |\Lambda_{m,m'} - \Lambda'_{m,m'}| \tag{12.5}$$

で定義することにします.

構造変化検知問題を解くための最も素朴な方法は, 2 つのデータ集合 $\mathcal{D} = \{\boldsymbol{x}^{(1)}, \ldots, \boldsymbol{x}^{(N)}\}$ と $\mathcal{D}' = \{\boldsymbol{x}'^{(1)}, \ldots, \boldsymbol{x}'^{(N')}\}$ に対して独立に 10.4 節で説明した疎構造学習法を用いて, $\mathcal{D}$ と $\mathcal{D}'$ に対応する精度行列 Λ と Λ' を推定することです. 単にこれらの差 $\Lambda - \Lambda'$ を調べれば, グラフのどの辺に変化が起こったかを知ることができます（図 12.2）. しかしこのような個別推定に基づく方法には実用上の問題があります.

これを見るために簡単な例題を 2 つ考えてみましょう. まず, 真の 3 次元精度行列

$$\Lambda = \begin{pmatrix} 2 & 0 & 1 \\ 0 & 2 & 0 \\ 1 & 0 & 2 \end{pmatrix}, \quad \Lambda' = \begin{pmatrix} 2 & 0 & 0 \\ 0 & 2 & 0 \\ 0 & 0 & 2 \end{pmatrix}$$

から生成したデータ $\mathcal{D} = \{\boldsymbol{x}^{(1)}, \ldots, \boldsymbol{x}^{(50)}\}$ と $\mathcal{D}' = \{\boldsymbol{x}'^{(1)}, \ldots, \boldsymbol{x}'^{(50)}\}$ に対して，10.4.1 項で説明したラプラス事前分布による MAP 推定によって精度行列を推定してみます．結果は

$$\widehat{\Lambda} = \begin{pmatrix} 1.382 & 0 & 0.201 \\ 0 & 1.788 & 0 \\ 0.201 & 0 & 1.428 \end{pmatrix}, \quad \widehat{\Lambda}' = \begin{pmatrix} 1.617 & 0 & 0 \\ 0 & 1.711 & 0 \\ 0 & 0 & 1.672 \end{pmatrix}$$

のようになります．この場合は，これより，真のグラフ構造（精度行列の非対角成分の疎構造）が正しく推定できていることがわかります．これらの差を計算すると

$$\Lambda - \Lambda' = \begin{pmatrix} 0 & 0 & 1 \\ 0 & 0 & 0 \\ 1 & 0 & 0 \end{pmatrix}, \quad \widehat{\Lambda} - \widehat{\Lambda}' = \begin{pmatrix} -0.235 & 0 & 0.201 \\ 0 & 0.077 & 0 \\ 0.201 & 0 & -0.244 \end{pmatrix}$$

となり，グラフ構造の変化（精度行列の差の非対角成分の疎構造）が正しく捉えられていることがわかります．

次に，真の精度行列が

$$\Lambda = \begin{pmatrix} 2 & 1 & 0 \\ 1 & 2 & 1 \\ 0 & 1 & 2 \end{pmatrix}, \quad \Lambda' = \begin{pmatrix} 2 & 0 & 1 \\ 0 & 2 & 1 \\ 1 & 1 & 2 \end{pmatrix}$$

で与えられる場合を考えてみます．この場合，精度行列の推定値は

$$\widehat{\Lambda} = \begin{pmatrix} 1.303 & 0.348 & 0 \\ 0.348 & 1.157 & 0.240 \\ 0 & 0.240 & 1.365 \end{pmatrix}, \quad \widehat{\Lambda}' = \begin{pmatrix} 1.343 & 0 & 0.297 \\ 0 & 1.435 & 0.236 \\ 0.297 & 0.236 & 1.156 \end{pmatrix}$$

となります．これらの差は

$$\Lambda - \Lambda' = \begin{pmatrix} 0 & 1 & -1 \\ 1 & 0 & 0 \\ -1 & 0 & 0 \end{pmatrix}, \quad \widehat{\Lambda} - \widehat{\Lambda}' = \begin{pmatrix} -0.040 & 0.348 & -0.297 \\ 0.348 & -0.278 & 0.004 \\ -0.297 & 0.004 & 0.209 \end{pmatrix}$$

となりますが，$(2,3)$ 成分が 0 にならないことから，グラフ構造の変化が正しく捉えられていないことがわかります．一般に，それぞれのグラフ構造を個別に推定する疎構造学習による構造変化検知では，重みが非零で変化しない辺がある場合に，そのような辺を変化していないと判定することは難しい傾向があります．つまるところこれは，個別にグラフ構造を推定する手法では，個々の推定において別々に異なったノイズが乗る可能性があり，辺の重みの差を事後的に計算しても，期待に反する結果しか得られないということです．

12.3.2 密度比の直接推定による構造変化検知

前節で考えた課題に対処するための方法の 1 つは，グラフ構造の個別推定をやめ，バプニックの原理（11.1 節）に従って，それぞれのガウス型グラフィカルモデルの精度行列の差

$$\Theta_{m,m'} = \Lambda_{m,m'} - \Lambda'_{m,m'}$$

を直接推定することです．ここで重要なのは，精度行列の差が

$$\frac{\mathcal{N}(\boldsymbol{x}|\mathbf{0}, \Lambda^{-1})}{\mathcal{N}(\boldsymbol{x}|\mathbf{0}, \Lambda'^{-1})} \propto \exp\left(-\frac{1}{2}\boldsymbol{x}^\top(\Lambda_{m,m'} - \Lambda'_{m,m'})\boldsymbol{x}\right) \qquad (12.6)$$

により密度比に関係づけられるという事実です．したがって，正規分布による密度比 (12.6) をデータから推定することにより，精度行列の差の直接推定が達成できます．

密度比の定義 $r(\boldsymbol{x}) = p(\boldsymbol{x})/p'(\boldsymbol{x})$ から，関数 $r(\boldsymbol{x})p'(\boldsymbol{x})$ は，分布 $p(\boldsymbol{x})$ のよい近似になっていなければなりません．規格化条件

$$\int \mathrm{d}\boldsymbol{x}\, r(\boldsymbol{x})p'(\boldsymbol{x}) = 1$$

が自動的に満たされるような密度比のパラメトリックなモデルとして

$$r_\Theta(\boldsymbol{x}) = \frac{\exp\left(-\frac{1}{2}\boldsymbol{x}^\top\Theta\boldsymbol{x}\right)}{\int \mathrm{d}\boldsymbol{x}'\ p'(\boldsymbol{x}')\exp\left(-\frac{1}{2}\boldsymbol{x}'^\top\Theta\boldsymbol{x}'\right)} \tag{12.7}$$

のようなものを考えます．ここで，$p'(\boldsymbol{x})$ は，データ $\mathcal{D}' = \{\boldsymbol{x}'^{(1)}, \ldots, \boldsymbol{x}'^{(N')}\}$ が従う確率密度関数です．そして，この密度比モデルのパラメター Θ を，$r(\boldsymbol{x})p'(\boldsymbol{x})$ が $p(\boldsymbol{x})$ ができるだけよい近似になるように求めます．今の場合，$r(\boldsymbol{x})$ は必要な規格化条件が満たされるような形に仮定されていますので，一般化カルバック・ライブラー・ダイバージェンスではなく，式 (12.2) の通常のカルバック・ライブラー・ダイバージェンスを使えば十分です．式 (12.7) の分母が $\boldsymbol{x}$ に依存していないことに注意すると，最小化すべき目的関数として

$$\begin{aligned}\mathrm{KL}(p\|rp') &= (\text{定数}) - \int \mathrm{d}\boldsymbol{x}\ p(\boldsymbol{x})\ln r(\boldsymbol{x}) \\ &= \frac{1}{2}\int \mathrm{d}\boldsymbol{x}\ p(\boldsymbol{x})\boldsymbol{x}^\top\Theta\boldsymbol{x} + \ln\int \mathrm{d}\boldsymbol{x}'\ p'(\boldsymbol{x}')\exp\left(-\frac{1}{2}\boldsymbol{x}'\Theta\boldsymbol{x}'\right)\end{aligned}$$

が得られます．第 2 の等式で重要でない定数項は省きました．p および p' を経験分布により近似すると，次のような最適化問題が得られます．

$$\begin{aligned}&\min_\Theta\ \frac{1}{2N}\sum_{n=1}^{N}\boldsymbol{x}^{(n)\top}\Theta\boldsymbol{x}^{(n)} + \ln\frac{1}{N'}\sum_{n'=1}^{N'}\exp\left(-\frac{1}{2}\boldsymbol{x}'^{(n')\top}\Theta\boldsymbol{x}'^{(n')}\right) \\ &\quad \text{subject to } \|\Theta\|_1 \le R\end{aligned} \tag{12.8}$$

制約条件は，疎なグラフを得るために，ここではやや人為的につけた条件です．$\|\cdot\|_1$ は行列の 1 ノルム（全要素の絶対値和）であり，$R \ge 0$ は解の疎性を調整するパラメターです．紙幅の制約から，この最適化問題の解法に関する詳細は省略します．興味のある読者は原論文 [16] を参照してください．

ここで簡単な数値例を 2 つ紹介します．まず，真の 3 次元精度行列が

$$\Lambda - \Lambda' = \begin{pmatrix}2 & 0 & 1\\0 & 2 & 0\\1 & 0 & 2\end{pmatrix} - \begin{pmatrix}2 & 0 & 0\\0 & 2 & 0\\0 & 0 & 2\end{pmatrix} = \begin{pmatrix}0 & 0 & 1\\0 & 0 & 0\\1 & 0 & 0\end{pmatrix}$$

に従って，データ $\mathcal{D} = \{\boldsymbol{x}^{(1)}, \ldots, \boldsymbol{x}^{(50)}\}$ と $\mathcal{D}' = \{\boldsymbol{x}'^{(1)}, \ldots, \boldsymbol{x}'^{(50)}\}$ を生成

したとして，このデータから逆にグラフ構造の変化を求めてみます．疎密度比推定の方法によって，

$$\begin{pmatrix} 0 & 0 & 1.000 \\ 0 & 0 & 0 \\ 1.000 & 0 & 0 \end{pmatrix}$$

が得られました．これより，グラフ構造の変化（精度行列の非対角成分）が正しく捉えられていることがわかります．

次に，先ほど問題になった重みが非零で変化しない辺がある場合

$$\Lambda - \Lambda' = \begin{pmatrix} 2 & 1 & 0 \\ 1 & 2 & 1 \\ 0 & 1 & 2 \end{pmatrix} - \begin{pmatrix} 2 & 0 & 1 \\ 0 & 2 & 1 \\ 1 & 1 & 2 \end{pmatrix} = \begin{pmatrix} 0 & 1 & -1 \\ 1 & 0 & 0 \\ -1 & 0 & 0 \end{pmatrix}$$

を考えてみます．この場合でも，疎密度比推定によって

$$\begin{pmatrix} 0 & 0.707 & -0.293 \\ 0.707 & 0 & 0 \\ -0.293 & 0 & 0 \end{pmatrix}$$

が得られ，グラフ構造の変化（精度行列の非対角成分）が正しく捉えられていることがわかります．

12.4 疎密度比推定の高次拡張

ガウス型グラフィカルモデルでは共分散に基づく構造しか見ていないため，高次の相関構造の変化を検知することはできません．この問題は，非線形な**特徴ベクトル**（feature vector）$\boldsymbol{f}(x, x')$ を用いた非ガウスモデル

$$p_{\boldsymbol{\Omega}}(\boldsymbol{x}) = \frac{\exp\left(\sum_{m,m'=1}^{M} \boldsymbol{\omega}_{m,m'}^{\top} \boldsymbol{f}(x_m, x_{m'})\right)}{\int \mathrm{d}\boldsymbol{x} \, \exp\left(\sum_{m,m'=1}^{M} \boldsymbol{\omega}_{m,m'}^{\top} \boldsymbol{f}(x_m, x_{m'})\right)} \tag{12.9}$$

を用いて，データ $\mathcal{D} = \{\boldsymbol{x}^{(1)}, \ldots, \boldsymbol{x}^{(N)}\}$ と $\mathcal{D}' = \{\boldsymbol{x}'^{(1)}, \ldots, \boldsymbol{x}'^{(N')}\}$ からパラメター $\boldsymbol{\Omega} = \{\boldsymbol{\omega}_{m,m'} | m, m' = 1, \ldots, M\}$ と $\boldsymbol{\Omega}' = \{\boldsymbol{\omega}'_{m,m'} | m, m' = 1, \ldots, M\}$ を推定することによって，原理的には解決できます．しかし，ラ

プラス事前分布による MAP 推定では，式 (12.9) の分母の積分計算が困難であり，実用的ではありません．なお，特徴ベクトル $\boldsymbol{f}$ を 1 次元のスカラー

$$f(x, x') = -\frac{1}{2}xx' \tag{12.10}$$

と置けば，式 (12.9) はガウス型グラフィカルモデルと一致し，分母の積分は解析的に計算できます．

これらの問題を解決するために，12.3.2 項と同様に，それぞれの密度モデルのパラメターの差

$$\boldsymbol{\theta}_{m,m'} = \boldsymbol{\omega}_{m,m'} - \boldsymbol{\omega}'_{m,m'}$$

を直接推定することにします．具体的には，

$$\frac{p_{\boldsymbol{\Omega}}(\boldsymbol{x})}{p_{\boldsymbol{\Omega}'}(\boldsymbol{x})} \propto \exp\left(\sum_{m,m'=1}^{M} (\boldsymbol{\omega}_{m,m'} - \boldsymbol{\omega}'_{m,m'})^\top \boldsymbol{f}(x_m, x_{m'})\right)$$

という密度比を考え，これに対応する密度比モデル

$$r_{\boldsymbol{\Theta}}(\boldsymbol{x}) = \frac{\exp\left(\sum_{m,m'=1}^{M} \boldsymbol{\theta}_{m,m'}^\top \boldsymbol{f}(x_m, x_{m'})\right)}{\int \mathrm{d}\boldsymbol{x}\, p'(\boldsymbol{x}) \exp\left(\sum_{m,m'=1}^{M} \boldsymbol{\theta}_{m,m'}^\top \boldsymbol{f}(x_m, x_{m'})\right)}$$

を，11.2 節で説明したカルバック・ライブラー密度比推定法に疎制約をつけて学習します [16]．

$$\begin{aligned}\min_{\boldsymbol{\Theta}} \quad & \ln \frac{1}{N'} \sum_{n'=1}^{N'} \exp\left(\sum_{m,m'=1}^{M} \boldsymbol{\theta}_{m,m'}^\top \boldsymbol{f}(x_m'^{(n')}, x_{m'}'^{(n')})\right) \\ & - \frac{1}{N} \sum_{n=1}^{N} \sum_{m,m'=1}^{M} \boldsymbol{\theta}_{m,m'}^\top \boldsymbol{f}(x_m^{(n)}, x_{m'}^{(n)}) \\ \text{subject to} \quad & \sum_{m,m'=1}^{M} \|\boldsymbol{\theta}_{m,m'}\| \leq R \end{aligned} \tag{12.11}$$

ここで，$R \geq 0$ は解の疎性を調整するパラメターです．高次の特徴ベクトル

$\boldsymbol{f}(x, x')$ の具体例や数値例は，文献 [16] を参照するとよいでしょう．

このように，変化前後のグラフ構造を推定するのではなく，グラフ構造の変化を直接推定することにより，変化検知の精度が向上するだけでなく，より複雑な非ガウスモデルも扱うことができるようになります．また，変化検知の精度に関しては，文献 [17] で理論的に調べられており，本章で紹介したグラフ構造の変化を直接推定する方法によって正しく変化検知するために必要な標本数は，変化前と変化後のグラフの辺の数でなく，変化した辺の数によって決まることが明らかにされています．

B i b l i o g r a p h y

参考文献

[1] 赤穂昭太郎, カーネル多変量解析——非線形データ解析の新しい展開, 岩波書店, 2008.

[2] C. C. Chang and C. J. Lin, A library for support vector machines, *Transactions on Intelligent Systems and Technology*, 2(3), 2011.

[3] W. C. Chang, C. P. Lee and C. J. Lin, A revisit to support vector data description (SVDD), Technical Report, `http://www.csie.ntu.edu.tw/~cjlin/papers/svdd.pdf`, 2013.

[4] J. Friedman, T. Hastie and R. Tibshirani, Sparse inverse covariance estimation with the graphical lasso, *Biostatistics*, 9(3), pp. 432–441, 2008.

[5] G.H. Golub and C.F. Van Loan, *Matrix Computations* (4th ed.), Johns Hopkins University Press, 2012.

[6] S. Gopal and Y. Yang, Von Mises-Fisher clustering models, In *Proceedings of The 31st International Conference on Machine Learning*, ICML 14, pp. 154–162, 2014.

[7] T. Hastie, R. Tibshirani, J. Friedman（著）, 杉山将, 井手剛, 神嶌敏弘, 栗田多喜夫, 前田英作（監訳）, 統計的学習の基礎——データマイニング・推論・予測, 共立出版, 2014.

[8] 井手剛, センサーデータによる状態監視技術, *ProVISION*, Vol. 78, No. Summer, pp. 28–33, 2013.

[9] 井手剛, 入門 機械学習による異常検知 —Rによる実践ガイド, コロナ社, 2015.

[10] T. Idé and H. Kashima, Eigenspace-based anomaly detection in computer systems, In *Proceedings of ACM SIGKDD International Conference on Knowledge Discovery and Data Mining*, KDD 04, pp. 440–449, 2004.

[11] T. Idé, A. C. Lozano, N. Abe and Y. Liu, Proximity-based anomaly detection using sparse structure learning, In *Proceedings of the SIAM International Conference on Data Mining*, SDM 09, pp. 97–108, 2009.

[12] T. Idé and K. Tsuda, Change-point detection using Krylov subspace learning, In *Proceedings of 2007 SIAM International Conference on Data Mining*, SDM 07, pp. 515–520, 2007.

[13] T. Kanamori, S. Hido and M. Sugiyama. A least-squares approach to direct importance estimation, *Journal of Machine Learning Research*, Vol. 10, pp. 1391–1445, 2009.

[14] 鹿島亨, 吉松賢治, 成田力, 久津間康博. 半導体市場向け、歩留まり向上FDCシステム, *Savemation Review*, Vol. 2005, No. 8, pp. 76–83, 2005.

[15] E. Keogh, J. Lin and A. Fu, HOT SAX: Efficiently finding the most unusual time series subsequence, In *Proceedings of the Fifth IEEE International Conference on Data Mining*, ICDM 05, pp. 226–233, 2005.

[16] S. Liu, J. Quinn, M. U. Gutmann, and M. Sugiyama, Direct learning of sparse changes in Markov networks by density ratio estimation, *Neural Computation*, 26(6), pp. 1169–1197, 2014.

[17] S. Liu, T. Suzuki, and M. Sugiyama, Support consistency of direct sparse-change learning in Markov networks, In *Proceedings of the Twenty-Ninth AAAI Conference on Artificial Intelligence (AAAI2015)*, pp. 2725–2701, 2015.

[18] K.V. Mardia, J.T. Kent and J.M. Bibby, *Multivariate Analysis*, Academic Press, 1980.

[19] R. J. Muirhead, *Aspects of Multivariate Statistical Theory* (2nd ed.), Wiley-Interscience, 2005.

[20] J. M. Neale and R. M. Liebert, *Science and Behavior: An Introduction to Methods of Research*, Prentice-Hall, 1972.

[21] 小野田崇, 伊藤憲彦, 是枝英明, 水力発電所における異常予兆発見支援ツールの開発, 電気学会論文誌D（産業応用部門誌）, 131(4), pp. 448–457, 2011.

[22] W. H. Press, S. A. Teukolsky, W. T. Vetterling and B. P. Flannery, *Numerical Recipes: The Art of Scientific Computing* (3rd ed.), Cambridge University Press, 2007.

[23] T. Rakthanmanon, B. Campana, A. Mueen, G. Batista, B. Westover, Q. Zhu, J. Zakaria and E. Keogh, Searching and mining trillions of time series subsequences under dynamic time warping, In *Proceedings of the 18th ACM SIGKDD International Conference on Knowledge Discovery and Data Mining*, KDD 12, pp. 262–270, 2012.

[24] C. E. Rasmussen and C. K. I. Williams, Gaussian processes for machine learning, 2006.

[25] 佐藤一誠, トピックモデルによる統計的潜在意味解析, コロナ社, 2015.

[26] J. Shieh and E. Keogh, iSAX: Indexing and mining terabyte sized time series, In *Proceedings of the 14th ACM SIGKDD International Conference on Knowledge Discovery and Data Mining*, KDD 08, pp. 623–631, 2008.

[27] M. Sugiyama, T. Suzuki and T. Kanamori, *Density Ratio Estimation in Machine Learning*, Cambridge University Press, 2012.

[28] M. Takimoto, M. Matsugu and M. Sugiyama, Visual inspection of precision instruments by least-squares outlier detection, In *Proceedings of the Fourth International Workshop on Data-Mining and Statistical Science* (DMSS2009), pp. 22–26, 2009.

[29] D. M. J. Tax and R. P. W. Duin, Support vector data description, *Machine Learning*, 54(1), pp. 45–66, 2004.

[30] V. N. Vapnik, *Statistical Learning Theory*, Wiley, 1998.

[31] K. Q. Weinberger and L. K. Saul, Distance metric learning for large margin nearest neighbor classification, *Journal of Machine*

Learning Research, Vol. 10, pp. 207–244, 2009.

[32] M. Yamada, T. Suzuki, T. Kanamori, H. Hachiya and M. Sugiyama, Relative density-ratio estimation for robust distribution comparison, *Neural Computation*, 25(5), pp. 1324–1370, 2013.

[33] 山西健司，データマイニングによる異常検知，共立出版, 2009.

[34] K. Yamanishi, J. Takeuchi, and Y. Maruyama, Data mining for security, *NEC Journal of Advanced Technology*, 2(1), pp. 63–69, 2005.

[35] K. Yamanishi, J. Takeuchi, G. J. Williams and P. Milne, On-line unsupervised outlier detection using finite mixtures with discounting learning algorithms, In *Proceedings of the sixth ACM SIGKDD international conference on Knowledge discovery and data mining*, KDD 00, pp. 320–324, 2000.

索　引

数字・欧文

あ行

か行

さ行

た行

な行

は行

ま行

や行

ら行

わ行

著者紹介

井手　剛（いで　つよし）　博士（理学）
1990年　国立苫小牧工業高等専門学校機械工学科卒業
1993年　東北大学工学部機械工学科卒業
2000年　東京大学大学院理学系研究科物理学専攻博士課程修了
現　在　IBM T. J. ワトソン研究所 シニア・テクニカル・スタッフ・メンバー

杉山　将（すぎやま　まさし）　博士（工学）
1997年　東京工業大学工学部情報工学科卒業
2001年　東京工業大学大学院情報理工学研究科計算工学専攻博士課程修了
現　在　理化学研究所 革新知能統合研究センター センター長
東京大学大学院新領域創成科学研究科 教授

NDC007　190p　21cm

機械学習プロフェッショナルシリーズ
異常検知と変化検知

2015年 8月 7日　第 1 刷発行
2024年11月15日　第12刷発行

著　者　井手　剛・杉山　将
発行者　篠木和久
発行所　株式会社　講談社
〒112-8001　東京都文京区音羽 2-12-21
販売　(03)5395-5817
業務　(03)5395-3615

編　集　株式会社　講談社サイエンティフィク
代表　堀越俊一
〒162-0825　東京都新宿区神楽坂 2-14　ノービィビル
編集　(03)3235-3701
本文データ制作　藤原印刷株式会社
印刷・製本　株式会社ＫＰＳプロダクツ

ISBN 978-4-06-152908-3